DER
GARTEN
COACH

Willkommen beim
Gartencoach

Für Gärtnermeister
Otto Kriesten – der mir
mehr beigebracht hat,
als Stecklinge zu machen.

Markus Radscheit

Willkommen beim Gartencoach

Tipps & Tricks für Garten, Terrasse und Balkon

LEMPERTZ

Inhalt

Mein Beerengarten

Mein Hochbeet

Mein Obst- und Gemüsegarten

Mein Ziergarten

DER
GARTEN
COACH

Leute – werdet Gärtner!

Das Gärtnern ist einfach eine wahre Freude. Vielleicht ist es das „Einfache“, das die „wahre Freude“ macht. Gärtnern ist etwas Ursprüngliches und Bodenständiges und kaum irgendwo ist man der Schöpfung näher als im eigenen Grün. Schon Goethe philosophierte im Faust: „Was ist es, das die Welt im Innersten zusammenhält?“ Wir Gärtner haben das Glück, dabei zu sein, wenn aus einem tot und unscheinbar erscheinenden Samenkorn ein Keimling entsteht, der später zum schmackhaften Salatkopf oder mächtigen Eichenbaum gedeiht. Wir haben zumindest kurzzeitig einen Einblick in das Innerste, das die Welt zusammenhält. Das ist faszinierend - das ist echtes Lebensglück! Ich bin jedes Mal im totalen Flow und vergesse den Sinn für Zeit und Raum um mich herum, wenn ich im Garten gärtnere. Es gibt einfach nichts Schöneres, als sich im Garten zu verwirklichen. Ja, ich bin regelrecht chlorophyllabhängig und brauche meine tägliche Dosis Glückshormone, die beim Gartenrundgang ausgeschüttet werden.

Deswegen wundert es mich, wenn ich höre, Gärtnern sei langweilig und nur was für Spießer jenseits der Midlife-Crisis, die auf ihrem kurzgeschorenen Rasen bunte Gartenzwerge platzieren. Die Wahrheit um das Gärtnern ist nämlich eine ganz andere. Gärtnern ist so

vielseitig, wie es Menschen auf der Erde gibt. Man braucht keinen eigenen Garten, um zu gärtnern. Alle von euch haben zumindest eine Fensterbank, auf der in Töpfen geackert werden kann; vielleicht sogar einen Balkon oder eine kleine Terrasse. Hier kann man ganz tolle Pflanzen auf engstem Raum anbauen. Hochbeete, Klettergerüste oder Hängeampeln sind Hilfsmittel, um die dritte Dimension »Balkoniens« zu erobern. Wer aber das Glück hat und einen eigenen Garten bewirtschaften darf, der ist wirklich privilegiert! Staudenbeete, Gemüseanpflanzungen, Waldgärten, Obstbäume oder Zierblumenbeete bieten so viele Möglichkeiten! Den Rahmen für die Königsdisziplin liefert dann womöglich das eigene Gewächshaus, denn dort kann man

beste Tomaten, Paprika, Gurken und Chilis heranziehen und hat eine ordentliche Ernte.

Meine Leidenschaft für den Garten lebe ich seit 2020 auch bei Youtube aus. Durch einen glücklichen Zufall habe ich damals die Filmcrew von CUE Media kennengelernt und es ist die Idee entstanden, einen Youtube-Kanal mit mir als Protagonisten ins Leben zu rufen. Ich wurde als "Der Gartencoach" getauft und seither produzieren wir Videos über Gemüseanbau, Gartengestaltung, Nutztierhaltung, Selbstversorgung und etliche andere Themen. Inzwischen sind die Videos über 10 Millionen mal geklickt worden und manchmal werde ich sogar an der Supermarktkasse erkannt.

Im Buch findet ihr übrigens zu jedem Kapitel einen QR-Code, mit dem ihr euch die dazugehörigen Videos anschauen könnt - einfach mit der Handykamera einscannen und los geht´s!

Mit diesem Buch – genau wie mit dem Youtube-Kanal – möchte ich die pure Lebensfreude und Begeisterung, die man beim Gärtnern entdecken kann, mit euch teilen. Das Wichtigste aber ist, dass ihr euch auf das Abenteuer Gärtnern einlasst und neugierig und experimentierfreudig seid. Klar, es gibt ein paar Grundspielregeln im Garten und diese möchte ich euch gerne mit diesem Gartenbuch vermitteln.

Tatsächlich ist dies nicht das erste Gartenbuch der Welt (ihr wärt bestimmt nicht drauf gekommen). Auch ich habe mehrere Regale voller Gartenbücher. Daher die berechtigte Frage: Was ist denn das Besondere an diesem hier? Die Antwort ist: Dies ist mein ganz persönliches Gartenbuch – mit meinem geballten Wissen aus jahrzehntelanger Gartenerfahrung! Ich möchte euch hier mit meinen selbst gesammelten Erfahrungen im Garten inspirieren, auch Gärtner zu werden, die Früchte eures Schaffens zu ernten und chlorophyllabhängig zu werden!

Lasst euch drauf ein – auf das »Abenteuer Gärtnern«!

Euer Gartencoach

MEIN BEERENGARTEN

GARTEN
COACH

Himbeeren schneiden und pflegen

Himbeeren sind ein besonders beliebtes Beerenobst in unserem Garten – schließlich sind die rosafarbenen Beeren auch sehr lecker. Die Sträucher können, je nach Sorte, einen bis zweieinhalb Meter groß werden. Sie vermehren sich durch Ausläufer.

DIE GRUNDLAGEN

Wenn ihr Himbeersträucher in euren Garten setzen wollt, geht ihr das am besten im Herbst an. Außerdem solltet ihr einen schönen sonnigen Platz für sie aussuchen, der am besten auch etwas windgeschützt ist. Zu lehmigen Boden mögen sie nicht, besser eignet sich humose, schön lockere Erde.

Himbeeren sind ursprünglich Waldpflanzen. Wenn ihr ihnen waldähnliche Bedingungen schafft, werden sie sich freuen und es euch mit vielen Früchten danken. Achtet daher darauf, immer wieder Mulch um die Himbeerpflanzen herum zu verteilen. Was sie gar nicht mögen ist Trockenheit, schließlich sind sie Flachwurzler. Da kriegen sie es direkt mit, wenn die umgebende Erde austrocknet, aber auch, wenn sich das Wasser staut. Um richtig wachsen zu können, brauchen Himbeersträucher Halt. Daher pflanzen wir sie am besten an einer Rankhilfe. Diese bauen wir aus Holzpflöcken, zwischen die wir Draht gespannt haben.

Gut zu wissen!

Himbeeren gehören zu den Rosengewächsen und werden schon seit dem späten Mittelalter kultiviert. Damals galten sie als Heilpflanzen und noch heute kennt man Himbeerblättertee, der zum Beispiel in der Schwangerschaft wohltuend ist.

Um Himbeeren zu kultivieren, braucht es allerdings noch ein wenig mehr Hintergrundwissen, denn es gibt maßgebliche Unterschiede zwischen den Sorten. Und auch der fachgerechte Schnitt ist wichtig: Wie wir unsere Himbeeren im Frühling und Herbst schneiden, das möchte ich euch jetzt erklären.

Gartencoach-Tipp

Mit etwas Geschick könnt ihr sowohl sommer- als auch herbstfruchtende Himbeeren anbauen. Aber achtet darauf, dass ihr immer wisst, welche Himbeere zu welcher Gruppe gehört. Klassische Sommerhimbeeren sind „Willamette“ oder die aus England stammende „Malling Promise“. Bei den Herbstblühenden sind „Autumn Bliss“ oder „Polana“ gängige Sorten. Wusstet ihr, dass es nicht nur rote, sondern auch gelbe und fast schwarze Himbeeren gibt?

SOMMERFRUCHTEND ODER HERBSTFRUCHTEND – ODER GAR „TWO-TIMER“?

Wollt ihr Himbeeren in eurem Garten haben, dann ist die allererste Frage, die ihr beim Kauf stellen solltet: Ist es eine sommerfruchtende oder eine herbstfruchtende Sorte? Sommerfruchtende Himbeeren tragen am Holz des Vorjahres. Das heißt, Äste und Triebe, die in diesem Jahr gebildet werden, überwintern, um im nächsten Mai oder Juni zu blühen und zu fruchten.
Herbstblühende Himbeeren fruchten und blühen allerdings am Holz und an den Trieben des diesjährigen Strauchs. Also bedürfen sie eines ganz anderen Schnittregimes: Sie werden komplett abgeschnitten und treiben im nächsten Jahr neue Ruten aus, die dann im September oder Oktober fruchten und blühen.

RÜCKSCHNITT DER HERBSTHIMBEEREN

Im ersten Schritt widme ich mich den herbstfruchtenden Himbeeren. Diese schneide ich radikal zurück, bis unten auf den Boden. Dabei kann ich auch gleich aufräumen und tote Blätter entfernen. Wenn ihr spätfruchtende Himbeeren anbauen wollt, müsst ihr im Herbst einen Radikalschnitt durchführen und sie auf ca. 10 cm bodenbündig abschneiden. Im nächsten Jahr treiben sie wieder neu aus. Und damit sie dann reichhaltig austreiben, kommt im Anschluss ans Abschneiden eine gute Schicht an verrottetem Pferdemist aufs Himbeerbeet, der ein ausgezeichneter organischer Dünger ist. So erlangen die Pflanzen Kraft, um im nächsten Jahr wieder üppig auszutreiben.

Gartencoach-Tipp

Seit einigen Jahren gibt es die Two-Timer-Himbeeren. Diese blühen und fruchten sowohl im Sommer als auch im Herbst. Sie werden bezüglich des Schnittregimes ähnlich wie Herbsthimbeeren behandelt. Aber hier gilt es zu beachten, dass die Triebe, die im Juni getragen haben, entfernt werden. Es bilden sich neue Ruten, die dann im Herbst fruchten.

RÜCKSCHNITT DER SOMMERHIMBEEREN

Bei sommerfruchtenden Himbeeren möchte ich die Triebe des diesjährigen Wachstums behalten, um dann im nächsten Jahr im Mai Früchte zu haben. Als Erstes putze ich den Sträucher-Pulk aus: Dazu nehme ich alles, was jetzt im Absterben begriffen ist, bodenbündig heraus: Das sind die Triebe aus dem Vor-Vorjahr – die kann ich jetzt loswerden. Triebe, die in diesem Jahr gekommen sind, werden im nächsten Mai fruchten und blühen. Triebe aus dem Vorjahr, die inzwischen abgestorben sind und bereits geblüht haben, kann ich jetzt herausnehmen. Die Triebe, die wegmüssen, schneide ich direkt über dem Boden ab. Das umgebende Areal wird gesäubert. Die Triebe, die bleiben sollen, binde ich an, um im nächsten Jahr Früchte zu bekommen. Zum Anbinden empfiehlt es sich, ein Juteband zu verwenden, wie es im Gartencenter erhältlich ist. Das Juteband bringe ich an einem hinter den Pflanzen verlaufenden Draht an, sodass der Trieb der Himbeere nicht in direkten Kontakt mit dem Draht kommt und nicht daran reibt. Sommerhimbeeren benötigen eine Anbindungshöhe von nicht mehr als 1,30 m bis 1,50 m. Die einzelnen Triebe werden nicht so lang wie die der herbstfruchtenden Himbeeren, deswegen genügt hier eine kleinere Anbindevorrichtung. Herbstfruchtende Himbeeren benötigen eine Anbindehöhe von 1,80 m.

Herbstfruchtende Himbeeren werden beim Rückschnitt ganz stark und bodenbündig, zurückgeschnitten. Sommerfruchtende Himbeeren werden lediglich vom alten, zweijährigen Wuchs befreit, junge Triebe lassen wir über den Winter also am Strauch.

Brombeeren am Spalier anbauen – richtig anbinden und schneiden

Brombeeren sind im Nutzgarten in den letzten Jahren immer beliebter geworden, denn mittlerweile sind viele Sorten entstanden, die sich auch gut für Hobbygärtner eignen.

DIE GRUNDLAGEN

Brombeeren sind Waldpflanzen. Damit eure Brombeere euren Garten nicht überwuchert und in einen Dschungel verwandelt, erfahrt ihr hier, wie man sie richtig pflanzt, anbindet und schneidet, damit ihr viel Ertrag ernten könnt.
Brombeeren gehören zur Gattung Rubus und sind somit Teil der Familie der Rosengewächse. Damit die platzliebenden Gewächse auch in eurem heimischen Garten fruchten und ihre Früchte richtig dick und reif werden können, bedienen wir uns eines Spalieres. Ein Spalier ist eine freistehende Konstruktion, mit der ihr eure Brombeeren in die gewünschte Wuchsform bringen

WAS IHR BENÖTIGT:

- 1 Brombeerpflanze (Rubus fruticosus), 40–60 cm groß
- 3 Holzpfähle, etwa 6 cm Ø
- Spanndraht 3,1 mm Dicke, mind. 13,5 m lang
- 9 Schlaufennägel
- Lauberde aus dem Vorjahr
- Naturdünger
- Gartenhandschuhe
- Kompostierbares Juteband

Werkzeug:

- Gartenschere
- Gartenschaufel
- Gartenhacke
- Vorschlaghammer oder Ramme
- Hammer

Bewährte Brombeersorten

Heutzutage finden sich nur noch wenige alte Brombeersorten, darunter die Sorten „Theodor Reimers" und „Wilsons Frühe", die beide zur Sortenbezeichnung *Rubus fructicosus* gezählt werden. Alte Sorten sind Kulturgut und zeichnen sich durch Robustheit und aromatischen Geschmack aus.

könnt. Mithilfe des Spalieres könnt ihr die langen Ast-Ruten, die für euch als Gärtner wichtig sind, anbinden und die Äste, die nicht von Nutzen für euch sind, regelmäßig rausnehmen. So wird euer Garten nicht zu einem Dickicht.

SPALIER BAUEN

Unser Spalier ist ganz einfach zu bauen, da es lediglich aus zwei Holzpfählen und drei horizontal übereinander gespannten Drähten besteht. Plant mindestens 4 m für die Konstruktion ein, denn Brombeeren benötigen richtig viel Platz im Garten. Achtet auch auf einen sonnigen bis habschattigen Standort. Hier fühlen sich Brombeeren besonders wohl.

SCHRITT 1

Als Erstes haut ihr im Abstand von etwa 2 m die drei Pfähle in den Boden. Hierzu kann es hilfreich sein, zunächst mit einem kleineren Stock zwei Löcher vorzustechen, in die ihr nun die angespitzten Pfähle rammt. Damit die Pfähle tief und fest genug im Boden stecken, nehmt euch zum Einschlagen einen Vorschlaghammer. Um beim Schlagen das weiche Holz des Pfostens nicht zu beschädigen, könnt ihr z. B. ein Brett oder eine alte Konservendose als Schutz nutzen. Wer eine Pfostenramme besitzt, kann alternativ diese zur Hand nehmen. In die Mitte zwischen die beiden Pfähle wird später die Brombeere gepflanzt.

SCHRITT 2

Nachdem eure Pfähle stabil stehen, befestigt ihr nun etwa 40 cm über dem Boden einen Draht an dem linken Pfahl. Dazu wickelt ihr das Drahtende zwei- bis dreimal um den Pfahl und haut den Schlaufennagel über dem Draht mit einem Hammer komplett in den Pfahl, um den Draht damit zu fixieren. Nun spannt ihr den Draht zwischen den beiden Pfählen und befestigt das andere Drahtende auf der gleichen Höhe am rechten Pfahl auf dieselbe Weise mit einem Schlaufennagel. Der Draht darf ruhig etwas lockerer sein, daher benötigen wir keinen Drahtspanner.

SCHRITT 3

Diesen Vorgang wiederholt ihr jeweils im Abstand von 40 cm noch zweimal mit zwei weiteren Drahtstücken oberhalb des gespannten Drahtes. Wenn ihr fertig seid, habt ihr drei übereinander gespannte Drähte, um eure Brombeeräste zu befestigen. Euer Spalier ist fertig!

Brombeerspalier in Tunnelform

PFLANZLOCH AUSHEBEN

Genau in die Mitte, beim mittleren Pfahl, kommt nun das Pflanzloch. Das hebt ihr mit eurer Gartenschaufel zu etwa ⅓ größer und tiefer aus, als der Topf der Brombeere ist. Weil Brombeeren Waldpflanzen sind, möchtet ihr in eurem Garten einen Waldeffekt nachahmen, sodass sie sich richtig wohlfühlen. Dafür nehmt ihr die Erde aus dem Loch heraus, lockert sie mit eurer Gartenhacke auf und vermischt es optional mit Lauberde, die ihr im Vorjahr angesetzt habt. Diese Lauberde ist ähnlich nährstoffreich wie Walderde und belebt den Boden kolossal, sodass eure Brombeere gegen Trockenheit und anderen Unwillen der Natur gut geschützt ist. Zusätzlich gebt ihr der Erde noch etwas von eurem Naturdünger hinzu, sodass sie einen richtig guten Start hat.

AUSPUTZEN

Stellt vor dem Pflanzen sicher, dass eure Brombeere sehr gut gewässert wird; gegebenenfalls bleibt sie über Nacht in einem Eimer mit Wasser. Der Wurzelballen muss sich richtig vollsaugen. Wenn die Brombeere in einem

Brombeerblüte

Topf oder Container geliefert wird, lockert den Wurzelballen ein wenig mit den Fingern auf. Dadurch wird die Pflanze animiert, mit den Wurzeln das Erdreich zu erobern.
Bevor ihr eure Brombeere in das vorbereitete Loch setzt, solltet ihr sie vorher ausputzen.
So putzt ihr die Brombeerpflanze richtig aus: Eure Brombeere hat kurze und lange Triebe. Die drei längsten Triebe solltet ihr stehenlassen, denn das sind die Ruten, die nächstes Jahr schon blühen und fruchten werden. Die kleineren Äste werden nächstes Jahr noch nicht blühen und fruchten. Die könnt ihr mit einer Gartenschere unterhalb der Blätter abschneiden, damit die Pflanze erstmal keine Arbeit in sie steckt. Diese gekürzten Triebe werden aber im nächsten Jahr lange Ruten liefern, die dann im übernächsten Jahr Früchte produzieren. Putzt alles aus, was euch zu klein erscheint oder krank und verstümmelt ist.

EINPFLANZEN

Eure Brombeerpflanze ist nun vorbereitet und kann eingepflanzt werden. Sie wird etwa 5 cm tiefer eingepflanzt als sie im Topf steht. Nach dem Einsetzen solltet ihr sie mit Erde bedecken, die mit Lauberde und Dünger angereichert ist.

ANBINDEN

Bindet eure drei langen Ruten an euren drei Spalierdrähten fest, sofern sie schon lang genug sind. Dabei verfahrt ihr so, dass ihr die längste der Ruten senkrecht bis zum obersten

Draht führt und an ihm angekommen waagerecht am Draht entlangführt. Ihr solltet die Rute zur Stabilisierung an jedem der Drähte locker mit einem verrottbaren Juteband anbinden, wenn ihr sie senkrecht nach oben führt. An dem obersten Draht befestigt ihr die Rute waagerecht alle 50 cm mit dem Juteband.
Die zweitlängste Route führt und befestigt ihr danach entsprechend bis zum mittleren Draht und waagerecht in dieselbe Richtung wie die erste Rute an ihm entlang. Die kürzeste eurer Ruten führt ihr waagerecht am untersten Draht entlang.
Keine Bange! Sollten eure Ruten noch nicht lang genug sein, dass sie die Drähte erreichen, so macht euch keine Sorgen. Sie werden alle wachsen. Alle paar Wochen müsst ihr die gewachsenen Ruten an eurem Spalier fixieren. Zum Schluss solltet ihr die Flurschäden beseitigen, die ihr angerichtet habt. Mulcht euer Beet noch einmal gut mit Lauberde ab, sodass sich das Bodenleben richtig freut.

Brombeeren für den Balkon

Auch neue Brombeerzüchtungen sind interessant, besonders, wenn es um den Balkonanbau geht. Spaliersträucher und Zwergvarianten sowie kleine dornenlose Brombeerbüsche passen gut auf den Balkon. Hier bieten sich Bio-Sorten wie der Zwerg „Blu Rubus fructicosus“, der „Little Black Prince“ oder „Oregon Thornless“ an.

WIE GEHT ES MIT DER BROMBEERE WEITER?

Da ihr eure Ruten alle in eine Richtung angebunden habt, bleibt die andere Seite eures Spalieres frei. Das ist gut so, denn eure Brombeerpflanze wird im Laufe des nächsten Frühjahrs und Sommers aus den ausgeputzten Trieben neue lange Ruten bilden, die im Folgejahr Früchte tragen werden. Für sie ist der freie Platz an eurem Spalier vorgesehen. Brombeeren blühen und fruchten ausschließlich am Holz des Vorjahres. D. h. das Holz (mitsamt Ruten), das sich in einem Jahr gebildet hat, blüht und fruchtet erst im Folgejahr und danach nicht wieder. Nächstes Jahr, wenn ihr eure Brombeere abgeerntet habt, könnt ihr die heute angebrachten Ruten entfernen, denn sie werden nicht mehr fruchten. Im Folgejahr blühen und fruchten die neu gebildeten Ruten auf der anderen Seite eures Spalieres.
Es gibt viele verschiedene Sorten von Brombeeren auf dem Markt, über die ihr euch kundig machen solltet. Z. B. gibt es Sorten, die euch im Sommer viele Früchte auf einmal bringen oder welche, die sehr lange blühen und euch über viele Monate hinweg mit Früchten versorgen. Schön ist es, wenn eure Gartenbrombeere frei von Stacheln ist. Die Sorte „Thornless“ ist wüchsig, leicht verfügbar, trägt prima und vor allem pikst sie euch nicht.
Findet die Brombeere, die zu euch und eurer Gartensituation passt!

Erdbeeren richtig anbauen

Mit dem Flower-Tower möchte ich euch zeigen, wie wir gemeinsam die dritte Dimension auf unserem Balkon erreichen. Wir gehen nämlich in die Höhe, um ein Erdbeerfeld anzulegen.

Ich habe mir dazu einen Pflanzsack besorgt, den man auch Flower-Tower nennt. Die Idee ist, diesen wie ein Beet mit Erde zu füllen und die Erdbeerpflanzen so hineinzupflanzen, dass ihr sie ganz einfach hängend ernten könnt. Die Wurzeln der Pflanzen befinden sich dabei im Inneren, während die Blätter, Blüten und Früchte durch die Löcher des Pflanzsacks herauswachsen. In nur wenigen Schritten ist euer Erdbeer-Flower-Tower fertig!

SCHRITT 1

DIE RICHTIGE DRAINAGE

Die unterste Schicht eures Flower-Towers wird eine Drainage-Schicht, damit keine Staunässe entsteht. Ganz unten in euren Pflanzsack kommt daher die Drainage hinein. Eine Handvoll Blähton eignet sich hierfür sehr gut. Manche Pflanzsäcke verfügen am unteren Ende über eine Schale. Diese solltet ihr gut mit der Blähton-Schicht bedecken. Habt ihr einen Pflanzsack ohne Schale, schichtet eure Drainage etwa 2 cm hoch.

Eure zweite Schicht solltet ihr euch vorher anmischen. Ich habe Kübelpflanzenerde mit dem Perlite-Substrat und einem Langzeitdünger angereichert. Sucht dafür nach einem Langzeitdünger in Perlenform, der eure Erde mindestens drei Monate langsam mit Nährstoffen versorgt. Den Flower-Tower befülle ich jetzt etwa 10–15 cm hoch mit der angereicherten torffreien Blumenerde.

WAS IHR BENÖTIGT:

- 1 Pflanzsack („Flower-Tower“)
- Perlite Schüttsubstrat
- Kübelflanzenerde
- Langzeitdünger
- Erdbeerpflanzen

Gut zu wissen!

Perlite ist ein vulkanisches Gestein. Es speichert Wasser und sieht in etwa aus wie Styropor.

Entlang des Flower-Towers gibt es Perforationslinien, die euch die Stellen anzeigen, die ihr als Löcher für eure Pflanzen nutzen könnt. Ich schneide mit einem Messer entlang dieser Linien Löcher für meine ersten Pflanzen in den Sack hinein. Das können je nach Pflanzsack 4–6 Löcher für die unterste Lage sein.

SCHRITT 2

ERDBEEREN EINSETZEN

Die Erdbeerpflanzen stecke ich von innen hinein und führe die Blätter durch das Loch nach außen. Dabei sollte man vorsichtig vorgehen, damit die Erdbeerpflanze nicht zerbricht. Mit ein bisschen Fingerspitzengefühl gelingt das gut. Und falls doch mal etwas zerbricht, keine Sorge: Erdbeeren wachsen schnell wieder nach.
Der Wurzelballen der Erdbeere sollte nicht komplett senkrecht, sondern leicht nach unten aufliegen. Wenn die unterste Lage Erdbeeren eingepflanzt ist, schichtet ihr als Nächstes wieder etwas von der angereicherten Erde hinein. Klopft den Pflanzsack nach dem Einfüllen ein paar Mal auf dem Tisch auf, indem ihr ihn anhebt und wieder fallen lasst, sodass sich die Erde setzt. Darüber pflanzt ihr die zweite Lage Erdbeeren. Es kann sein, dass ihr dafür eine Reihe Löcher auslassen müsst, denn zu eng sollten sie nicht gepflanzt werden. Nach dieser Methode schichtet ihr nun Erdbeerpflanzen im Wechsel mit Erde in den Sack, bis alle Erdbeeren eingepflanzt sind und euer Flower-Tower gefüllt ist.
Um sich lange an der Erdbeerernte zu erfreuen oder andere Formen und Sorten zu haben, kann man auch verschiedene Erdbeerpflanzen in den Flower-Tower einsetzen. Ich verwende z. B. eine ganz klassische Sorte, die Senga Sengana, die von Mai bis Ende Juli fruchtet. Diese kombiniere ich mit der großfrüchtigen und später blühenden Sorte Toskana. Zum guten Schluss setze ich noch eine Erdbeere oben drauf, die dann mit ihren Ausläufern nach unten hin unseren Flower-Tower abdeckt. In wenigen Tagen bekommen wir so schon eine grüne Erdbeer-Säule.
Im Sommer werden eure Erdbeeren täglich gegossen. Wichtig ist daher, dass ihr oben einen guten Gießrand lasst. Die Erdbeerpflanzen, die sonst viel Platz im Beet benötigen, sind

Gartencoach-Tipp

Wenn es nicht direkt gelingen will, könnt ihr einen kleinen Trick anwenden und die Erdbeere in Zeitungspapier einwickeln, um sie einfacher durch das Loch zu schieben.

Erdbeerglück mit dem eigenen Erdbeer-Flower-Tower!

im Flower-Tower auf engem Raum gepflanzt, wo sie jedoch gleich viel Wasser verbrauchen. Damit das viele Wasser beim Gießen mit dem Schlauch oder der Gießkanne nicht direkt überläuft, bevor es hinuntersickern kann, lasst ihr einen Gießrand von etwa 3 cm.

SCHRITT 3

FLOWER-TOWER AUFHÄNGEN

Lasst den Flower-Tower jetzt zum Leuchtturm eures Gartens werden und hängt ihn an einer geeigneten Stelle auf. Ich mache meinen Flower-Tower mit dem Kabelbinder an der Reling vom Balkon fest. Sucht bei euch einen Platz, der sonnig und für euch zum Ernten und Gießen gut erreichbar ist. Der Flower-Tower muss einiges an Gewicht tragen, daher befestigt ihn gut! Ich nehme zur Sicherheit noch einen zweiten Kabelbinder.

SCHRITT 4

DAS ANGIESSEN

Dank des Wasser-Reservoirs, das wir mit der Blähton-Schicht erschaffen haben, hält sich einiges von dem Gießwasser. Noch sieht der Flower-Tower etwas kahl aus, aber in 10 Tagen ist er zu einer grünen Säule geworden. Gibst du ihm noch weitere 2–3 Wochen, so ist er schon voller Früchte.
Wer nicht extra einen Pflanzsack besorgen möchte, kann alternativ auch einen Jutesack benutzen. Die Pflanzen (ich habe 17 Stück benötigt) sind für rund 15 Euro im Großmarkt erhältlich. Die Erde inklusive Perlite und Dünger kommen zusammen auf etwa 3 Euro Materialkosten. Insgesamt kommt ihr mit dem Flower-Tower auf etwa 25 Euro.

MEIN HOCHBEET

GARTEN
COACH

Hochbeete selbst anlegen

Hochbeete liegen im Augenblick unglaublich im Trend. Das wissen die Gartencenter natürlich und für viel Geld könnt ihr dort sehr aufwendige Hochbeetanlagen kaufen. Ich habe hier aber für euch eine 10-Euro-Challenge gemacht: Ein Hochbeet für unter 10 Euro aus Materialien, die man ganz einfach in der näheren Umgebung finden kann. Und jetzt erkläre ich euch, wie wir unser Hochbeet zusammenbauen.

SCHRITT 1

RAHMEN AUFBAUEN

Praktisch ist zunächst, wenn man eine schlichte, große Holzkiste auftreiben kann. Wenn man möchte, kann man sie ganz nach Geschmack noch anstreichen. Da hätten wir dann 50 Cent Kosten für die Farbe.
Brauchbare Kisten sind zum Beispiel Verpackungskisten, die dem Transport von Fenstern zu einer Baustelle dienen. Die Seiten solcher palettenähnlichen Kisten sind ja oftmals nicht komplett mit Brettern verschlossen. Und um die verbleibenden Löcher zuzukriegen, nutze ich eine LKW-Bannerfolie.

WAS IHR BENÖTIGT:

- Holzkiste aus Latten
- Farbe, optional
- Bannerfolie
- Grobe und feine Äste
- Grünabfall
- Jutesäcke
- Zeitungen
- 1–2 Pappkartons
- Schilf
- Rasensodenerde, d. h. abgeschälter Rasen
- Laub
- Pferdemist (je nach geplanter Bepflanzung)
- Hochbeeterde

Werkzeug:

- Gartenschaufel
- Tacker
- Spaten oder Harke zum Zurechtdrücken, optional

Auch die kann ich ganz einfach kostenlos besorgen: Beispielsweise Banner von der Stadt, die eine inzwischen vergangene Veranstaltung ankündigen, kann ich so vor der Mülltonne retten. Die Folie tackere ich nun rundherum in der Kiste fest, damit sie dicht ist. So, damit habe ich meine Hochbeet-Verpackungskiste nach außen hin abgedichtet, nach unten bleibt sie offen. Unser Hochbeet ist schlussendlich nichts anderes als ein Komposthaufen, den ich aufbaue und auf dessen oberster Schicht wir nachher gärtnern können.

SCHRITT 2

GEÄST UND GRÜNSCHNITT

Auf den offenen Boden lege ich jetzt schichtweise verschiedene Dinge: Ich beginne mit groben Ästen, dann kommen feine Äste. Diese Masse muss man anschließend erstmal zusammendrücken. Das geht am besten, wenn man in die Kiste reinklettert und die Äste, so gut es geht, zusammenstampft. Hier kann also etwas mehr Körpergewicht tatsächlich mal von Vorteil sein. Aber Vorsicht, macht nur, was ihr euch zutraut! Auch mit einem Spaten oder einer breiten Harke von oben stampfen geht ganz gut. Im Zweifelsfall könnt ihr euch auch jemanden zur Hilfe holen.

Wenn ihr in eurem eigenen Garten nicht so viel Grünabfall zur Hand habt, dann geht doch einmal, wenn gerade Grünschnitt entsorgt wird, in eurer Nachbarschaft Ausschau halten und holt euch die Säcke oder das, was die Leute bereits an Astschnitt rausgestellt haben. Das ist oft praktischerweise schon in die richtigen Stücke geschnitten. Auch Säcke mit Heckenschnitt eignen sich, ich brauche ja nur Füllmaterial – im Grunde genommen könnte man sogar Luftballons nehmen! Aber Säcke mit Grünabfall sind einfach praktisch und kostenlos noch dazu. Passt nur auf, dass das Material keine Krankheiten hat; gegebenenfalls fragt mal beim Nachbarn nach.

SCHRITT 3

VLIESSCHICHT EINBAUEN

Habe ich erst meine grobe Schicht aus dicken und dünnen Ästen sowie Feingeäst eingebracht, baue ich als Nächstes eine Vliesschicht ein. Dafür eignen sich Jutesäcke sehr gut. Die lege ich über der Astschicht aus. Über die Jahre habe ich gemerkt, dass es Regenwürmer magisch anzieht, wenn man im Garten und vor allen Dingen im Kompost Pappe oder Zeitungspapier einbaut. Das könnt ihr ganz leicht selbst ausprobieren: Wenn ihr zu Hause eine zerknüllte Zeitung in den Kompost legt und nach einigen Wochen hineinschaut, ist sie voller Regenwürmer! Dieses Phänomen können wir uns zu Nutze machen: Dazu nehmen wir aus der Papiertonne oder dem Altpapiercontainer Zeitungen und ein bis zwei unbedruckte Pappkartons. Die legen wir ordentlich in unserem zukünftigen Hochbeet aus. Auch Getränkehalter vom Schnellimbiss eignen sich, da sie sehr schnell verrotten. Falls noch Plastik an der Pappe ist, z. B. Klebeband, so solltet ihr es in der gelben Tonne entsorgen, denn das frisst selbst der hungrigste Regenwurm nicht.

Nachdem wir die Pappschicht aufgebracht haben, kommt als Nächstes eine Lage Schilf. Besorgen kann man sich das z. B., wenn die Stadtreinigung gerade ein See- oder Flussufer in der Nähe sauber gemacht hat.

SCHRITT 4

RASENSODE UND LAUB

Als Nächstes kommt Rasensodenerde, gemischt mit Laub. Rasensode ist abgeschälter Rasen. Ich habe mir den bei einem Haus besorgt, dessen Vorgarten gerade umgestaltet wurde. Damit ein bisschen Leben mit reinkommt, mische ich das mit Laub unter, das ich letztes Jahr im Garten eingesammelt habe. Dieses inzwischen zersetzte Laub bringe ich jetzt ein. Herbstlaub einfach wegzuwerfen ist so eine Verschwendung, da blutet einem das Herz. Dieses kostenlose Blattmaterial ist des Gärtners Gold! Auf das Laub kommt noch eine Schicht Rasensodenerde. Die Rasensode und das Laub kann ich miteinander vermischen. Wer schon mal im Sandkasten gespielt hat, der weiß, wie viel Freude das machen kann. Beim Mischen sollte man immer wieder nachdrücken, anschließend wird die Schicht während der nächsten Wochen noch nachsacken.

SCHRITT 5

PFERDEMIST & ERDE

In meinem Fall hatte ich den „Auftrag von der Küche", ein Beet für einige Gurkenpflanzen anzulegen. Deswegen bin ich zum Pferdegestüt nebenan gefahren und habe mir abgelagerten Pferdemist geholt. Der ist voller Leben, voller Nährstoffe. Gurken, aber auch Kürbisse, Tomaten und Paprika sind allesamt Pflanzen, die viele Nährstoffe brauchen. Achtung: Falls ihr in eurem Hochbeet Möhren oder Zwiebeln pflanzen wollt, darf kein Pferdemist verwendet werden, weil er für diese eher schädlich ist.

Als Nächstes kommt unsere Hochbeeterde drauf. Die habe ich mir tatsächlich vom Erdenwerk besorgt, eine Mülltonne (das sind super Transportgefäße!) mit 360 Litern für 16 Euro! Davon brauche ich nun die Hälfte und komme so mit 8 Euro Kosten für das Erdmaterial bei unserer Challenge aus.

Die Erde besteht aus Mutterboden, Kiefernrinde, Mulch und ebenfalls noch einmal aus etwas Pferdemist. Diese Hochbeeterde bringe ich nun als ordentliche Schicht auf dem Hochbeet aus. Sie darf sogar ein gutes Stück über den Rand hinausragen, da sie in den folgenden Tagen noch nachsacken wird. Das Ganze machen wir dann noch optisch ansehnlich zurecht und bessern es noch einmal aus. Dann bin ich mit den Grundstrukturen meines Hochbeetes fertig. Keine Sorge: Auch wenn die Erde jetzt noch hügelig aussieht, wird sie doch innerhalb einer guten Woche abgesackt sein und sich etwa 3 cm unter dem Niveau des Rands setzen. Ihr könnt natürlich schon sofort am gleichen Tag etwas einpflanzen, dabei bedenkt nur, dass die Pflanzen in einigen Tagen tiefer liegen werden.

Das Material für unser Hochbeet, die Kiste, alles Drumherum, kann man einsammeln, indem man mit offenen Augen durch seine Umgebung geht oder fährt. So findet man tatsächlich alle Materialien für unter 10 Euro! Na, Lust gekriegt, es selbst zu versuchen? Dann viel Spaß bei der 10-Euro-Challenge!

Gartencoach-Tipp

Je mehr Lehm ihr in die Hochbeetfüllung einbaut, umso strukturstabiler ist eure Erde, aber tendenziell auch höher im pH-Wert. Eine gesunde Mischung aus Lehm oder Ton sowie Humus fixiert eure Nährstoffe, sodass sie nicht bald ausgeschwemmt werden. Man spricht bei dieser stabilisierenden Krümelstruktur auch vom Ton-Humus-Komplex.

Euer Hochbeet soll auch optisch ein Genuss sein. Mit herabhängenden Pflanzen wie den Balkontomaten „Tumbling Tom Red“ oder der Snackgurke „Hopeline“ könnt ihr die kahlen Seitenteile begrünen. Aber denkt dran: Pflanzt nicht zu viel ein, jede Pflanze benötigt und verdient ausreichend Platz!

Ein Hochbeet ist im Prinzip ein sehr großer Blumentopf mit einem enormen Gewicht. Wichtig ist also, eine stabile Konstruktion zu verwenden. Da Hochbeete sonnige Stellen lieben, aber sehr schnell austrocknen, solltet ihr frühzeitig die Wasserversorgung durchdenken. Kleiner Tipp: Wie überall im Garten, reduziert eine gute Lage Mulch die Wasserverdunstung und belebt den Boden.

Erde für dein Hochbeet selbst herstellen – und dabei viel Geld sparen!

Gärtnern im Hochbeet ist mittlerweile weit verbreitet. Wenn ihr schon mal ein Hochbeet angelegt habt, dann werdet ihr gemerkt haben, welche enorme Menge an Erde da hineinpasst. Wenn man diese ganze Erde in guter Qualität kaufen würde, ginge das schnell ins Geld. Hier erfahrt ihr, wie wir nachhaltig und kostengünstig unsere eigene Hochbeeterde herstellen können.

Komposterde ist ein wichtiger Bestandteil unserer Hochbeeterde. Oft werde ich gefragt, ob diese nährstoffarm oder -reich sei. Tatsächlich ist es so, dass die Nährstoffmenge in Komposterde eher gering ist. Deswegen ist diese Erde, so wie sie ist, für unser Hochbeet eher nicht geeignet. Also müssen wir sie erst einmal um einige Komponenten erweitern.

Allerdings befinden sich bereits jetzt unglaublich viele Bodenlebewesen darin: Käfer, Asseln, Springschwänze. Dazu kommen zahlreiche Bakterien und Pilze, die in der Lage sind, Stickstoff freizusetzen. Deswegen geht es im nächsten Schritt ans Vermengen. Ich mische meine Komposterde, die die guten Eigenschaften der Bodenlebewesen mitbringt, zum einen mit Pferdemist, wodurch viele Nährstoffe freiwerden, und zum anderen mit Holzhäckseln, um der ganzen Sache Struktur und Luft zu geben. Das sind meine magischen drei Komponenten einer guten Hochbeeterde. Diese drei Bestandteile vermenge ich zu drei gleichen Teilen und lasse sie anschließend für sechs Monate ruhen, damit sie kompostieren.

WAS IHR BENÖTIGT:

- Komposterde
- Pferdemist
- Holzhäcksel
- Rasenschnitt

Werkzeug:

- Gartenhandschuhe
- Gartenschaufel bzw. Spaten
- Schubkarre

Für eine reiche Ernte aus dem Hochbeet braucht ihr gute Erde.

Um den Kompostierungsprozess in Gang zu bringen gebe ich noch etwas Rasenschnitt mit hinein, der die Eigenschaft hat, das Kompostieren richtig anzuheizen.

Zum Vermischen einer größeren Menge an Material schichte ich am besten alle drei Komponenten zu einem Haufen auf. Dann setze ich den Haufen aus Komposterde, Holzspänen und Pferdemist mit der Schaufel ganz einfach von rechts nach links und dann noch einmal von links nach rechts um – schon ist alles flott gemischt. Für das einmalige Umsetzen brauche ich rund 6 Minuten – das hält fit! Anschließend packe ich die Erde mit der Schaufel auf meine Schubkarre – damit wird sie gleich auch noch zum dritten Mal durchmischt – und bringe sie dann in die Kompostmiete. Und da darf sie nun für sechs Monate kompostieren. Danach habe ich feinkrümelige und wohlduftende Hochbeeterde.

Ihr werdet bereits beim Umladen in die Schubkarre feststellen, dass die neu gemischte Erde schon jetzt voller Leben ist. Allerdings muss das organische Material jetzt noch von Mikroorganismen zersetzt werden, und dieser Prozess setzt schnell ein. Der Rasenschnitt sorgt dafür, dass es in den folgenden Tagen in der Kompostmiete richtig heiß wird. Auf diese Weise wird über die nächsten sechs bis acht Wochen das ganze Material gründlich zersetzt. Am besten setze ich die Erde im Herbst zum Kompostieren an, dann habe ich im folgenden Frühling, wenn es im Garten richtig losgeht, die fertige Hochbeeterde: nährstoffreich, voller Leben und nachhaltig, denn sie besteht nur aus organischen Bestandteilen, die ich kostenlos eingesammelt habe.

Gartencoach-Tipp

Eure Erde darf während des Kompostierungsprozesses nie austrocknen. Setzt den Haufen alle 6 Wochen einmal um und bittet dabei einen Freund, die Erde mit der Sprühdüse eines Gartenschlauchs zu befeuchten, während ihr schaufelt. Die Erde sollte feucht, aber nicht nass sein.

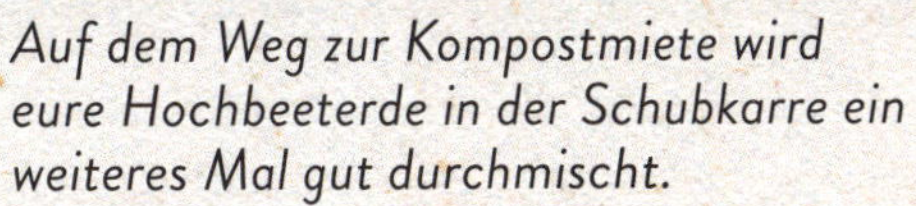

Auf dem Weg zur Kompostmiete wird eure Hochbeeterde in der Schubkarre ein weiteres Mal gut durchmischt.

Pferdemist ist für viele Nutzpflanzen sehr wertvoll!

Fehler beim Anlegen eines Hochbeetes vermeiden

Hochbeetgärtnern ist beim Urban Gardening ja momentan en vogue. Damit ihr aber auch langfristig Spaß daran habt, folgen hier ein paar Tipps dazu, wie ihr die häufigsten Fehler vermeiden könnt.

Kennt ihr das? Ihr seid hochmotiviert, habt euch euer Hochbeet besorgt oder gebaut und wollt nun gleich anfangen, loszugärtnern. Aber euch schwirrt der Kopf: Ihr habt so viele verschiedene Informationen bekommen und die Vorstellungen davon, wie das Hochbeet aussehen sollte, sind so vielfältig!

FEHLER NUMMER 1

DER STANDORT

Eine Sache ist unglaublich wichtig: die Standortfrage! Denn wenn ihr euer Hochbeet einmal gefüllt habt, könnt ihr es nicht mehr verrücken – schließlich wiegt es ca. eine halbe Tonne, denn es passt mehr als ein Kubikmeter Erde hinein. Eine Ausnahme bilden Hochbeete im Balkonformat, die meist wie ein Blumenkübel auf Stelzen aussehen und die dementsprechend wenig Erde fassen. Manche von ihnen haben zudem Rollen und können zum Fegen leicht verschoben werden.

In ein Hochbeet in vollsonniger Lage, zum Beispiel in totaler Südlage, passen wärmeliebende Gewächse wie Tomaten, Paprika und Chili. Habt ihr ein Hochbeet, das im Schatten liegt, zum Beispiel durch einen Baum oder eine Wand, in Westlage, dann könnt ihr darin Pflanzen einsetzen, die Feuchte und Kühle lieben. Dazu gehören neben Kräutern auch Gurken oder Melonen, aber auch Salate, die bei einer Lage in voller Sonne sicherlich eher ausbrennen.

FEHLER NUMMER 2

DIE PFLANZENAUSWAHL

Wenn ihr überlegt, welche Pflanzen in euer Hochbeet kommen sollen, sind große, ausladende Kohlpflanzen eher ungeeignet, denn diese benötigen Unmengen an Nährstoffen, Wasser und viel Raum. Da wäre es schade, den wertvollen Platz in einem Hochbeet für einen Kohlkopf zu opfern. Pflanzen wie Kohl,

Mais und dergleichen gehören daher eher ins Gartenbeet.

Für ein Hochbeet sollte man Pflanzen wählen, die man sofort in der Küche verwenden kann, die man einpflanzt und auch sehr schnell wieder ernten kann. Zu den Klassikern gehören dabei Salat, Radieschen, Möhren und einige Kräutersorten wie zum Beispiel Misuna oder das damit sehr nahe verwandte Stielmus, eine rheinische Spezialität. Diese passen perfekt in ein Hochbeet, und ihr habt damit sicher bald Erfolgsgeschichten zu vermelden.

Gartencoach-Tipp

Die Buschtomaten „Balkonzauber“ oder „Tiny Tom“ eignen sich zum Bepflanzen der Ränder des Hochbeetes. Diese eher kleinwüchsigen Tomaten hängen nach unten und ihr nutzt so den Seitenwandplatz eures Hochbeetes sinnvoll.

FEHLER NUMMER 3

DER UNTERGRUND

Wenn ihr ein Hochbeet anlegen wollt, in das gute 1 bis 1,5 Kubikmeter Masse hineinpassen, dann braucht ihr natürlich nicht diese Menge an Blumenerde dafür. Ein Hochbeet-Prinzip baut auf verschiedenen Schichten auf: Nur die letzten 20 bis 30 Zentimeter müssen dabei tatsächlich aus humosem Boden bestehen, den unser Gemüse nachher verwendet. Darunter liegen Starkäste, Schwachäste und noch eine Fleece-Lage. Eine anschauliche Darstellung findet ihr im Abschnitt zum Bau eines Hochbeetes auf S. 30.

Die oberste Schicht im Hochbeet muss regelmäßig gepflegt und erneuert werden, denn das Ganze sackt ja sukzessive nach unten ab. Dort habe ich ein organisches Erdreich, darin möchte ich organische, feuchtigkeitsliebende Pflanzen halten, deswegen muss ich hier regelmäßig mit organischem Material nacharbeiten. Ich nehme dafür zunächst einmal Pferdemist, der ist gut abgelagert. Denkt aber dran, dass ihr keine Möhren oder Zwiebeln einpflanzen dürft, wenn ihr Pferdemist eingegraben habt, denn die vertragen ihn nicht.

Andere Pflanzen hingegen, wie Tomaten, Paprika, Melonen und dergleichen freuen sich über Pferdemist, weil er für sie richtiges Kraftfutter ist. Damit es noch organischer wird, nehme ich aus meinem Garten Lauberde. Das ist Erde, die noch vom letzten Herbst mit angerottetem Laub vermischt ist. Davon verteile ich eine ordentliche Lage über das Beet – das bringt den Boden so richtig in Schwung! Dazu gebe ich noch etwas Hornmehl oder Hornspäne. Denkt aber dran, wenn ihr vegetarisch oder vegan lebt, dann gehören Hornspäne nicht in euren Garten.

Das Schöne am Hochbeet ist, dass man stehend gärtnern kann. Dies ist ergonomisch unglaublich angenehm und ermöglicht nicht nur älteren Menschen ungeahnte gärtnerische Möglichkeiten. Der Nachteil liegt allerdings auch auf der Hand: Wasser geht hier sehr schnell verloren, es verdunstet rasch. Und natürlich können Pflanzen dementsprechend schnell vertrocknen, weil ja nur die obersten 30 Zentimeter eigentliche Hochbeet-Erde sind und darunter Starkäste und dergleichen liegen. Daher muss ich bei der Erstauswahl darauf achten, hochwertiges Substrat zu verwenden, das Feuchtigkeit hält. Das Beste dafür ist meiner Meinung nach Lauberde, die dem Boden Feuchtigkeit gibt. Torf, auch wenn er wunderbare Wasserhalteeigenschaften hat, ist aus Nachhaltigkeitsgründen ein absolutes Tabu in eurem Garten.

FEHLER NUMMER 4

ZU DICHTE BEPFLANZUNG

Bei einem Hochbeet besteht immer die große Versuchung, zu viel auf zu engem Raum zu pflanzen. Wenn man Pflanzen aus dem Gartencenter mitbringt oder selbst Salat, Kohl oder Ähnliches aussäht, passiert es leicht, dass man zu eng pflanzt und die einzelnen Pflanzen nachher keinen Platz haben.

Ein Beispiel, wie man es machen kann: In meinem Hochbeet habe ich drei Tomaten im Abstand von je 60 Zentimetern nebeneinander gepflanzt. Das passt wunderbar! Das Bewässern kann dabei manchmal ein Problem sein, deshalb habe ich neben den Wurzelballen jeder Tomate noch einen kleinen Topf mit Löchern im Boden in die Erde gesetzt. In den kann ich das Wasser einfach hineingießen, das ist für den Wurzelballen viel schonender.
Als Nächstes setze ich Pflanzen in die Ecken meines Hochbeetes. Ganz besonders liebe ich dafür Mangold. Den kann ich als Salat essen, aber vor allen Dingen gibt er meinem Beet Struktur und Höhe.
Zudem möchte ich, dass bei meinem Hochbeet nicht nur die Fläche oben bewirtschaftet, sondern das Beet auch zu den Seiten hin begrünt wird. Dazu eignet sich Kapuzinerkresse hervorragend. Achtung: Auch Kapuzinerkresse kann sehr groß werden! Die Gefahr ist immer, dass man sich verleiten lässt, zu viel ins kleine Beet zu setzen. Noch ist die Kapuzinerkresse klein, aber irgendwann wird sie groß und macht dann den anderen Pflanzen Konkurrenz. Das sollte man berücksichtigen und dementsprechend nicht zu viele einsetzen.
Eine Mindestanforderung an ein jedes Hochbeet: Salat muss rein! Dabei könnt ihr wählen zwischen Kopfsalat oder Schnitt- bzw. Pflücksalat, wie zum Beispiel „Lollo Bionda“ oder „Lollo Rosso“. Die einzelnen Salatvarianten bringen allesamt unterschiedliche Vorteile mit sich.

Salatpflanzen kommen in Gruppen ins Hochbeet. Zwischen den Pflanzen solltet ihr genug Platz lassen und daran denken, wie groß sie später einmal werden – sie dürfen sich nicht zu sehr ins Gehege kommen. Wenn ihr auf dem Balkon gärtnert, zum Beispiel in einem vertikalen System, dann ist der Platz automatisch aufgeteilt und ihr könnt die Pflanzen ganz nach ihren Bedürfnissen platzieren.

Gartencoach-Tipp

Kapuzinerkresse kann die Wände eures Hochbeetes wie ein Rüschenrock begrünen. Noch dazu sind die Blüten sehr lecker und dekorativ.

FEHLER NUMMER 5:

KEIN SCHÄDLINGSSCHUTZ

So, nun habt ihr euren Salat wunderbar eingepflanzt, dabei auf die richtige Sorte Wert gelegt und auf genügend Abstand geachtet. Natürlich seid ihr jetzt richtig glücklich! Aber kaum habt ihr eurem Hochbeet den Rücken gekehrt, nahen schon die ersten Schädlinge und fangen an, euren Salat zu fressen. In erster Linie sind es Vögel, die sich da an euren zarten Salatblättern gütlich tun. Diese Vögel könnt ihr von euren Pflanzen abhalten, indem ihr diese mit einem Drahtkorb mit breiten Maschen bedeckt. Gut eignet sich zum Beispiel ein ausrangierter Fahrradkorb.

Dadurch kommen auch problemlos Licht und Regenwasser. Ihr könnt den Korb innen noch mit Maschendraht auskleiden, wenn ihr ganz sichergehen wollt. Aber die Erfahrung hat gezeigt, dass er auch so bereits Amseln, Meisen und andere Vögel von eurem Beet abhält.
Ein weiteres Problem beim Salat sind Schnecken: Hier riskiert man eine riesige Enttäuschung, wenn nach einem nächtlichen Schneckenansturm am nächsten Morgen von eurem Salat nichts mehr übrigbleibt. Bekämpfen könnt ihr die Plagegeister mit Bierfallen.
Zum Glück haben wir in einem Hochbeet eher weniger Probleme mit Schnecken, trotzdem solltet ihr die Gefahr im Hinterkopf behalten und im Zweifelsfall lieber eine Bierfalle zu viel als zu wenig aufstellen.

FEHLER NUMMER 6

ZU DICHTE AUSSAAT

Auf eurem Hochbeet könnt ihr pflanzen, ihr könnt aber auch darauf säen, und das ist das Schöne daran. Ein häufiger Fehler, den viele Gärtner machen, ist, zu viel Saatgut auf zu engem Raum zu verteilen. Das hat zur Folge, dass sich nicht genug Ernte ergibt und die Pflanzen in Konkurrenz zu einander stehen, anfällig für Krankheiten werden und sich gegenseitig wegdrücken. Dabei gedeiht keine Pflanze richtig. Deswegen solltet ihr, was das Saatgut angeht, eher sparsam sein.
Ein Klassiker, der in jedes Hochbeet gehört und ausgesät wird, sind Radieschen. Die Samen dafür kann ich entweder breitwürfig ausbringen oder in Reihen aussäen. Breitwürfig bedeutet, dass ich die Samen auf eine größere Fläche

verteile, bei Reihen säe ich nebeneinander in geraden Linien, in zwei bis drei Reihen.

Für mein Beispiel gehen wir nun davon aus, dass ich breitwürfig auf einer Fläche säe. Das Saatgut, das man in einem Tütchen bekommt, reicht für zehn Hochbeete, deswegen bin ich sehr sparsam mit den Samen und schütte nicht einfach die ganze Packung aus. Die übriggebliebenen Samen werden verwahrt, denn auch wenn sie klein und unscheinbar sind, werden die daraus wachsenden Pflanzen ja ihren Raum einnehmen.
Damit ich die Samen auch wirklich gleichmäßig verteilen kann, mische ich sie in Sand – die Methode eignet sich dafür wirklich hervorragend. Vorher glätte ich die Fläche noch ein wenig, dann kann ich die Samen-Sand-Mischung darüberstreuen. Zum Schluss, wenn die Samen gleichmäßig verteilt sind, werden sie noch mit Erde bedeckt.

Gartencoach-Tipp

Mit mehreren Hochbeeten an verschiedenen Standorten könnt ihr euer Sortiment an Kräutern und Gemüsen erweitern: vollsonnige Stellen für mediterrane Kräuter und Gurken, schattige Stellen für feuchtigkeitsliebende Kräuter und Salate. Ein Hochbeet für alles macht nicht glücklich.

Die Radieschen keimen nach etwa zehn Tagen. Dann müssen sie vereinzelt werden: Dabei prüfe ich die vielen kleinen Radieschenpflanzen. Stehen sie zu nah beieinander, also näher als zwei Zentimeter, muss ich jeweils eine davon ausrupfen und verwerfen. Auf diese Weise bleibt am Ende sicherlich nur die Hälfte der Pflanzen übrig, die ich ausgesät habe. Dieser Schritt ist aber wichtig! Macht bitte nicht den Fehler, zu viele Pflanzen auf engem Raum stehenzulassen.

FEHLER NUMMER 7

FEHLENDE BEWÄSSERUNG

Ein häufiger Fehler, den wir Gärtner begehen, ist, nicht ausreichend zu gießen. Sowohl Salat als auch Tomaten und Radieschen brauchen unbedingt Wasser, viel Wasser, um erst einmal im Beet Fuß zu fassen. Wenn die Sonne so richtig auf das Hochbeet knallt, solltet ihr berücksichtigen, dass die Erdschicht, gemessen an der Größe des Beetes, relativ dünn ist und rasch austrocknet, auch wenn wir Blätter mit in der Erde haben.
Das Hochbeet ist eigentlich nichts anderes als ein riesiger Blumentopf. Aufgrund des Aufbaus in Schichten kann kein Grundwasser über die Kapillarkraft des Bodens nach oben befördert werden. Daher ist hier immer unsere Gießkanne gefragt.

Wenn ihr also zum Beispiel vorhabt, übers lange Wochenende wegzufahren, bittet vorher euren Nachbarn, euer Hochbeet zu gießen, sonst ist es mit der Freude am eigenen Salat oder an den Radieschen rasch vorbei.

Hochbeet winterfest bepflanzen

Im Sommer kann man unglaubliche Erträge aus einem Hochbeet herausholen: Salat, Kohl, Möhren, Radieschen und vieles mehr. Aber sind Hochbeete nur für den Sommer geeignet? Keineswegs! Auch im Herbst können wir das Hochbeet so bestellen, dass wir den ganzen Winter über mit frischem, vitaminreichem Grünzeug aus dem Garten versorgt werden.

UND SO GEHT'S:

1. DAS HOCHBEET MIT FRISCHER ERDE BEFÜLLEN

Nehmen wir als Beispiel ein Hochbeet, das den Sommer über mit Gemüse bestellt war. Als die Pflänzchen im Frühjahr ausgepflanzt wurden, lag das Erdreich etwa 20 cm oberhalb des Kasten-Niveaus. Im Laufe des Sommers ist das organische Material verrottet und stark zusammengesackt. Diesen Bereich müssen wir nun wieder auffüllen.

Zunächst einmal wird das Beet leicht umgegraben und mit organischem Material versetzt, das man aus anderen Beeten gesammelt hat, z. B. mit altem Laub, Blättern, gerupftem Unkraut und Ähnlichem. Danach fülle ich den Rest mit abgelagertem Gartenkompost auf – ich liebe es, wenn man Ende des Jahres den Kompost aus der Kompostmiete „ernten“ und dann in den Beeten einsetzen kann!

Nicht jeder von euch hat die Möglichkeit, Kompost selbst herzustellen, zudem braucht man ja eine ordentliche Menge an Kompost. Bei Bedarf empfehle ich dazu Komposterde. Sie ist von ihrer Textur her hervorragend geeignet, Wasser zu halten. Gerade das ist eine wichtige Sache im Hochbeet. Sucht euch am besten eine torffreie Bio-Komposterde. Die könnt ihr gut im Hochbeet und in Kästen auf dem Balkon zum Einsatz bringen.

Wenn ihr die Erde ins Hochbeet füllt, denkt immer daran, die Ecken besonders gründlich zu verdichten und die Erde anzudrücken, denn dort rieselt sie am ehesten nach, wodurch sich dann Löcher bilden.

2. PFLANZEN INS HOCHBEET SETZEN

Nun geht es ans Pflanzen. In unserem Fall beginnen wir mit einer Matrix aus Grünkohl.

Probiert mal die alte Sorte „Lerchenzungen" aus! Grünkohl wird groß – und sieht super aus. Ringsum bleibt noch Platz für andere Wintergemüse, die hier zusammenwachsen. Ein Klassiker dafür ist Feldsalat, darunter die erprobten Sorten „Holländischer Breitblättriger" und „Vit". Feldsalat wird im Herbst ausgesät und liefert uns an lichtarmen Tagen kostbare Vitamine. Dazu passt Knoblauch – der hält, insbesondere über Halloween, bekanntlich Vampire ab. Und im nächsten Jahr haben wir dann eine eigene Knoblauchernte: Nichts schmeckt schärfer und leckerer als Knoblauch-Chili-Sauce aus dem eigenen Hochbeet! Genauso bietet sich Lauch für das winterliche Hochbeet an.

Im winterlichen Hochbeet ist Lauch ein Klassiker.

Dazu können wir wunderbar noch einige, aber nicht zu viele Wintersteckzwiebeln „Snowball" einpflanzen. Und falls ich dann noch etwas Platz finde, kann ich zum Beispiel noch Blattsenfsalat einpflanzen. Dieser ist auch besonders gut geeignet für eine späte Aussaat bis in den November hinein und liefert einen frischen, knackigen Beitrag für die Salatschüssel.

Als Erstes setze ich die Grünkohlpflanzen ins Hochbeet. Die kann man kaufen oder ca. 8 Wochen vorher selbst in der Anzuchtkabine aussäen und ins Hochbeet pflanzen, wenn sie zu jungen Pflänzchen herangewachsen sind. Zwischen den einzelnen Pflanzen sollte man einen Abstand von 40 bis 50 cm einhalten. Als Nächstes pflanzen wir zwei Reihen Knoblauch. Dabei muss man darauf achten, einen Knoblauch zu wählen, der sich für die Saat eignet. Nehmt nicht einfach Speiseknoblauch aus dem Supermarkt, da dieser oftmals behandelt ist und nicht austreibt. Unbehandelten Knoblauch kann ich dagegen gut für das Hochbeet im Winter verwenden, das sind schöne, dicke Knoblauchzehen. Sie sollten 3–5 cm tief eingepflanzt werden, sodass die Spitze gerade rausschaut, mit ca. 15 cm Platz zwischen jeder Pflanze.

Nun ist der Feldsalat an der Reihe – im wahrsten Sinne des Wortes. Man kann ihn zwar breitwürfig säen, also auf einer Fläche ausstreuen, aber ich persönlich ziehe es vor, die Feldsalatpflanzen in einer geraden Reihe zu haben. Das hilft mir später bei der Unkrautpflege und bei der Ernte. Um die Samen in einer Reihe einzusetzen, ziehe ich eine Furche und säe die Samen darin aus. Danach mache ich die Furche mit etwas Erde wieder zu. Die Samen sollten mit ca. 1 cm Erde bedeckt sein. In der Mitte der Furchen platziere ich einen Stab und die Furchen selbst markiere ich mit etwas Sand, damit ich weiß, wo die Feldsalatpflanzen hingekommen sind. Auch ein kleines Schild kann man zur besseren Orientierung einsetzen, z. B. kann man das geleerte Samentütchen auf einen Stab stecken.

Der winterharte Portulak.

Das Gleiche mache ich mit dem Senf: Der kommt daneben, auch in zwei Reihen. Die Pflanzen werden 15–20 cm hoch. Es ist am besten, sie in einer Reihe auszusäen, dann kann man sie besser für den Salat schneiden. Anders als die Feldsalatsamen sind die Senfsamen relativ klein. Ich tue mich immer schwer damit, sie gleichmäßig auszubringen. Deswegen nutze ich einen kleinen Trick: Ich schütte die Samen in einen Behälter und fülle das Ganze dann mit normalem Sand auf. So brauche ich nicht mehr die kleinen, feinen Senfsamen auszubringen, sondern kann sie mit dem Sand wunderbar gleichmäßig verteilen. Praktisch ist auch: Wenn ich sehe, dass eine Stelle unbedeckt vom Sand geblieben ist, weiß ich direkt, hier sind keine Senfsamen. Dann kann ich an diesen Stellen immer noch mit dem Sand nachsäen und eine einheitliche Verteilung hinkriegen. Die Saatreihen werden jetzt ein bisschen angedrückt, damit die Samen schön fest in der Erde sitzen. Ich verzichte darauf, die Senfsaat noch einmal extra abzudecken, weil sie durch den Sand ja schon mit Substrat versehen ist. Zusätzlich ein Schild zum Wiederfinden beizustecken ist natürlich trotzdem hilfreich.

Die letzten beiden Reihen unseres Hochbeetes können wir nun mit Wintersteckzwiebeln bestellen. Ich nutze hierfür gern die Sorte „Snowball White". Steckzwiebeln sind vorgetriebene Zwiebeln, d. h. sie wachsen größer. Erntet man sie im Mai oder Juni des Folgejahres, so haben sie einen Durchmesser von 5 bis 7 cm erreicht. Es gibt Gärtner, die sie lieber in kleinen Töpfchen oder in Multiplatten ziehen und sie dann vorgetrieben im Winter auspflanzen. Die vorgetriebenen Zwiebeln pflanze ich mit 12 bis 15 cm Abstand voneinander, so tief, dass gerade noch die Zwiebelspitze aus dem Erdreich herausschaut.

Wie beim Pflanzen von Blumenzwiebeln sollte man immer daran denken: Der flache, knollige Teil soll beim Pflanzen nach unten, die Spitze nach oben zeigen.
Es ist besonders wichtig, dass euer Hochbeet gründlich gegossen wird, und das den ganzen Winter über. Man ist immer wieder überrascht, aber Hochbeete verlieren auch im Herbst und Winter viel Feuchtigkeit und werden dadurch richtig trocken. Egal, wie gut die Samen bzw. Pflanzen sind – wenn es ihnen schlichtweg zu trocken war, dann klappt es mit der Ernte nicht.

Zu guter Letzt bekommt unser Hochbeet noch ein Vlies. Das Vlies dient folgendem Zweck: Zum einen reduziert es die Verdunstung, zum anderen verhindert es, dass Vögel – besonders Amseln – durch unser Hochbeet gehen und alles umgraben. Darüber hinaus verleiht es auch den Pflanzen noch etwas Restwärme, sodass unsere Saat mit ein bisschen mehr Temperatur eine Pole-Position beim Austreiben bekommt.

Wenn man, ein bisschen wie beim Betten machen, das Vlies über das Hochbeet ausgebreitet hat und es wegzufliegen droht, kann man mit kleinen Pflanzstäben nachhelfen und es damit wunderbar in den Ecken fixieren. Die Pflanzstäbe sollten unten etwas angespitzt sein, auf diese Weise kann man sie wunderbar durch das Vlies in die Erde treiben und es wird beim nächsten Wind nicht weggeweht.

Gartencoach-Tipp

Ich liebe Winterpostelein, auch Gewöhnliches Tellerkraut oder Portulak genannt. Wenn ihr das einmal im Garten habt, sät es sich eigenständig wieder aus. Die Blätter geben eurem Wintersalat einen extra herzhaften Geschmack.
Besonders mag ich den Sibirischen Winterpostelein (Claytonia sibirica). Das ist die mehrjährige Schwester eures normalen Winterpostelein (C. perfoliata). Eine super Pflanze für eure Permakultur im Hochbeet.

RTEN
ACH
Blu
Blu
Blu

Kräuterbeet richtig gestalten – Tipps & Tricks für die ideale Auswahl der Kräuter

Kräuter sind seit jeher nicht aus dem Garten wegzudenken. Ob als Küchenkräuter oder Heilkräuter, für jeden ist da etwas dabei. Doch wie kultiviere ich meine Kräuter richtig und welche Kräuter passen zueinander? Hier erfahrt ihr, welche verschiedenen Gruppen von Kräutern es gibt, welche zusammenpassen und welche nicht und auch, welche Erden ihr verwenden könnt, sei es im Garten oder auch auf Balkonien.

KRÄUTER MUSS MAN EINFACH HABEN!

Es gibt eine enorme Fülle an Küchenkräutern, die man grob in zwei Kategorien einteilen kann: Zum einen gibt es die Kräuter, die gerne in feuchten, organischen, nährstoffreichen Böden wachsen. Dazu gehören z. B. Schnittlauch, Afrikanischer Basilikum, Sauerampfer und Petersilie. Diese sind teilweise auch in unseren Wäldern und Wiesen heimisch.
Zum anderen gibt es die mediterranen Kräuter, die reich an ätherischen Ölen sind. Dazu gehören

WAS IHR BENÖTIGT:

- Kräuter, nach Belieben, heimisch oder mediterran
- Erde für feuchtigkeitsliebende Kräuter: organisch, torffrei
- Erde für mediterrane Kräuter: mineralisch, nährstoffarm
- Steine wie Bimskies oder Lava
- Tongranulat, Lavasteine oder Scherben für die Drainage
- Perlite
- Basaltsplitt zum Abmulchen

Werkzeug:

- Gartenhandschuhe
- Blumentöpfe oder Blumenkästen
- Gartenschaufel

Verschiedene Kräuter haben verschiedene Bedürfnisse und benötigen spezifische Erde.

Beschriftungen können dabei helfen, den Überblick zu behalten.

Bei so viel Kräutervielfalt kommt man aus dem Staunen gar nicht mehr heraus!

Oregano, Thymian und Rosmarin. Diese brauchen nährstoffarme, steinige Böden und wollen in voller Südlage in der Sonne richtig „gebacken" werden.

Je nach Kräuterkategorie brauche ich also verschiedene Erden. Für die heimischen Kräuter bedarf es einer organischen, torffreien Erde. Die mediterranen Kräuter benötigen hingegen eine sehr mineralische Erde. Diese sollte mit Bimskies, Lava oder anderen Steinen gestreckt sein.

Ihr könnt eure Kräuter in einem eigenen Kräuterbeet ziehen. Schön ist z. B. eine Kräuterspirale, in der die Pflanzen spiralförmig übereinander angebracht sind. Ihr könnt sie aber auch in schlichten Töpfen containern oder in Blumenkästen bei euch auf dem Balkon anbauen.

Wenn ich Balkonkästen verwende, muss ich als Erstes eine Drainage unten in den Kasten einbauen. Dazu eignen sich Tongranulat, Lava, Scherben oder Ähnliches. Diese Körner oder Steine fülle ich ins untere Drittel des Pflanzgefäßes ein und streiche sie glatt. Wie es dann weitergeht, variiert je nach Art der Kräuter, die ich einsetzen möchte.

EINSETZEN DER FEUCHTIGKEITS-LIEBENDEN KRÄUTER

Für feuchtigkeitsliebende Kräuter nutze ich organische Erde. Diese versetze ich mit der Gesteinsstruktur Perlite, die bei mir immer wieder gern zum Einsatz kommt und den Feuchtigkeitshaushalt reguliert. Gerne arbeite ich für diese Kräuter zusätzlich direkt einen Langzeitdünger mit ein. Er liefert viel Stickstoff und seine Wirksamkeit hält drei bis vier Monate an. Ich benötige für einen Blumenkasten nur einen Löffel voll Düngerperlen, die ich über die Erde verteile. Dann grabe ich die Erde noch einmal gründlich um. Habe ich die Erde auf diese Weise vorbereitet, kann ich die Klassiker einsetzen, die in jeden Kräutergarten gehören, zum Beispiel Schnittlauch, Afrikanischen Basilikum und natürlich Petersilie. Die Pflanzen sollten nicht zu nahe nebeneinandergesetzt werden, sie erobern sich schnell viel Platz um sich herum. Wenn ich sie nach dieser Anleitung pflanze, habe ich meine heimischen, feuchtigkeits- und nährstoffliebenden Kräuter gut versorgt.

EINSETZEN DER MEDITERRANEN KRÄUTER

Möchte ich mediterrane Kräuter einsetzen, muss ich anders vorgehen. Diese mögen es nicht nährstoffreich, sondern eher karg, sandig, mit sehr durchlässiger Erde. Sie benötigen auch keinen zusätzlichen Dünger.
Für mediterrane Kräuter fülle ich den Blumenkasten mit mineralischem Substrat und mische zusätzlich nährstoffarmen Bimskies unter. Klassiker unter diesen Kräutern sind Oregano, Rosmarin und Thymian.

Bevor ich Oregano einsetze, schneide ich ihm die Spitzen – auf diese Weise wird die gestutzte Pflanze später buschiger und nicht zu lang, Außerdem lockere ich den Wurzelballen auf. Rosmarin ist als Nächstes dran: Er ist ein Strauch, der in frostfreien oder milden Ge-

Rosmarin ist eine mediterrane Pflanze und kann leicht durch Stecklinge vermehrt werden.

bieten mehrjährig gehalten werden kann. Ihn braucht man vor dem Einsetzen nicht zu stutzen.

Der dritte Klassiker ist Thymian. Hier schaue ich mir vor dem Einsetzen den Wurzelballen an. Ist er verfilzt, reiße ich ihn etwas auf, auf diese Weise haben seine Wurzeln es leichter, sich nach außen zu verbreiten. Thymian sollte man, wie den Oregano, stutzen, so wächst er buschiger. Die abgeschnittenen Zweige und Blätter könnt ihr direkt weiterverwenden, z. B. als Gewürz in Spaghetti.

Besondere Erde für Kräuter findet ihr im Gartencenter, ihr könnt aber auch torffreie Blumenerde nehmen und diese mit Sand, Basaltsplitt, Bimskies oder Lavasteinen strecken, um ihr Volumen zu geben. Schließlich sind mediterrane Kräuter in Regionen mit nährstoffarmen Böden heimisch. Und genau diese Bedingung können wir ihnen durch das Strecken unserer handelsüblichen Erden bieten. Eine zusätzliche Maßnahme ist das Abmulchen. Es ist kein Muss, bietet aber einige Vorteile. Dazu nehme ich Basaltsplitt und verteile ihn neben und zwischen den eingesetzten Kräutern über die Erde. Er reflektiert Hitze, und das ist genau das, was die Kräuter haben wollen: Sie brauchen es richtig heiß. So können sie ihre ätherischen Öle besonders gut produzieren. Wir wollen ja richtig Geschmack haben, wenn wir sie später in der Küche verwenden. Ein weiterer Vorteil einer aufgebrachten Basaltsplittschicht ist, dass die Erde beim Gießen oder bei Regen nicht ausgeschwemmt wird.

DER BESTE STANDORT UND HÄUFIGE FEHLER

Heimische, feuchtigkeitsliebende Pflanzen benötigen einen halbschattigen Standort. Mediterrane Kräuter setzt man exponiert in absolute Südlage. Ihnen macht gelegentliche Trockenheit nichts aus, vertrocknen lassen sollte man sie aber nicht.

Heimische Kräuter wie Schnittlauch und Petersilie muss ich dagegen regelmäßig gießen. Es empfiehlt sich, unter ihren Topf oder Kasten einen Untersetzer zu stellen, aus dem sie sich ebenfalls noch Wasser ziehen können. Einen Fehler dürft ihr bei eurer Pflanzenkombination nicht machen: Minze mit einpflanzen! So sehr wir frische Minze für ihren wunderbaren Duft auch lieben, sie ist ungeeignet

für Pflanzenkombinationen, weil sie so invasiv ist und Beete, Töpfe, Kübel in Windeseile komplett für sich vereinnahmt. Minze gehört deswegen leider in „Einzelhaft". Sie möchte es richtig feucht haben und benötigt in ihrem Topf oder Container sehr viel Wasser, um sich wohlzufühlen. Gelegentlich sollte man sie zurückschneiden, sodass sich von unten wieder neue Triebe bilden können.
Keine Sorge, eine gestutzte Minzepflanze wächst schnell nach und breitet sich innerhalb von wenigen Wochen wieder komplett in ihrem Topf aus. Ihre Blätter kann ich trocknen und mir Pfefferminztee daraus machen, auch frische Blätter kann ich mit in den Tee geben, oder andere Getränke oder Gerichte damit auffrischen.

Gartencoach-Tipp

Minze und Zitronenmelisse sind wirklich tolle Pflanzen, aber sie sind mit ihren Rhizomen unglaublich invasiv. Daher nehmt diese Pflanzen in Einzelhaft, am besten in einen schönen Tontopf mit Untersetzer!

KRÄUTER IM HOCHBEET

Auch im Hochbeet kann ich Kräuter gut anbauen. Hier ein Beispiel: Ich habe ein kleines Hochbeet in einer Verpackungskiste untergebracht und in Halbschattenlage positioniert. Auf dem organischen, feuchten, gut gedüngten Boden habe ich Salbei, Zitronenmelisse, Lavendel, Sauerampfer, mooskrause Petersilie, Estragon und Majoran gepflanzt. Dabei ist auch Ananassalbei, eine herrliche neue Pflanze, die tatsächlich nach Ananas riecht. Außerdem habe ich eine große Menge Schnittlauch sowie Artemisia annua, eine Beifußart, so wie es auch der Wermut ist. Als Teeaufguss ist diese Pflanze gegen Viruskrankheiten sehr in Mode.

So ein Kräuterbeet ist auf den ersten Blick natürlich sehr schön anzusehen, neigt aber dazu, sehr schnell sehr voll zu werden. Zudem beanspruchen einige der Pflanzen viel Platz für sich. Daher muss das Beet gut gepflegt und gemanagt werden. Auch wenn die Pflanzen teilweise mehrjährig sind, nehme ich das Beet einmal im Jahr komplett auseinander, grabe die Pflanzen aus und teile sie, damit sie nicht mehr zu groß sind. Dann versehe ich das Kräuterbeet mit frischer Erde und pflanze die Kräuter anschließend wieder ein. Auf diese Weise kann man auch an einem Kräuterhochbeet lange viel Freude haben.

MEIN OBST- UND GEMÜSEGARTEN

Kartoffeln anbauen im Garten und auf dem Balkon – Tipps für eine ertragreiche Ernte

Es gibt ein Sprichwort, das da heißt: Die dümmsten Bauern haben die dicksten Kartoffeln. Dass das aber falsch ist, zeige ich euch in diesem Kapitel, denn wer schlau ist, erntet besonders gut und vor allem überall. Es gibt da nämlich verschiedene Möglichkeiten, dass auch ihr dicke Kartoffeln anbauen könnt – und zwar nicht nur im Gemüsegarten, sondern auch clever auf dem Balkon oder der Terrasse.

Allgemein gibt es drei verschiedene Typen von Kartoffeln in Deutschland: Frühkartoffeln, mittelfrühe Kartoffeln und Spätkartoffeln. Je nach Sorte dauert die Erntezeit zwischen 100, 130 und 150 Tagen. Bevor die Kartoffeln im April gepflanzt werden, müssen sie ab Mitte Februar im Wohnzimmer ohne direkte Sonneneinstrahlung 6 bis 8 Wochen vorgekeimt werden. Das geht zum Beispiel in Eierkartons. Dabei bilden sich mehrere ca. 2 cm lange Triebe. Aus diesen Trieben entsteht später das Laub, an dessen Wurzeln eure Kartoffeln wachsen werden. Achtung: Ihr benötigt Saatkartoffeln aus dem Gartenbedarf, denn Supermarktkartoffeln sind meist nicht zum Vermehren geeignet.

SCHRITT 1

FURCHEN ZIEHEN

Pflanzt ihr eure vorgekeimten Kartoffeln im Garten ein, habt ihr im Idealfall ein rechteckiges Beet, das etwa 2–4 m lang und min-

WAS IHR BENÖTIGT:

- Beliebige Menge an vorgekeimten Kartoffeln
- Furchenzieher (nur für Gartenanbau)
- Organisch-mineralischer Dünger
- Vlies
- PVC-Kisten oder Pflanzsack (für Balkonanbau)
- Pflanzerde (für Balkonanbau)

Gartencoach-Tipp

Bei der Auswahl der Sorte ist es besonders wichtig, Saatkartoffeln zu verwenden. Nehmt keine Kartoffeln aus dem Supermarkt!
Saatkartoffeln sind virusfrei, was für den Anbau wichtig ist.

destens 1 m breit ist. In dieses Beet zieht ihr nun der Länge nach zwei 20 cm tiefe Furchen mit einem Furchenzieher hinein, die etwa einen halben Meter auseinanderliegen sollten. Kartoffelpflanzen sind am besten in solchen Furchen aufgehoben, damit ihre Knollen nicht dem direkten Sonnenlicht ausgesetzt sind, das sie grün und giftig macht. Je lockerer euer Boden ist, desto schöner wird eure Furche.

SCHRITT 2

DÜNGER VERWENDEN

Bevor die Kartoffeln in den Kartoffelacker hineinkommen, kriegen sie etwas Kraftnahrung durch einen organisch-mineralischen Dünger. Dieser Dünger gibt den Pflanzen zum einen sofort eine ordentliche Dosis Kraft, versorgt sie aber zum anderen durch seinen organischen Anteil auch kontinuierlich die ganzen nächsten Wochen über mit Stickstoff. Den Dünger gebe ich in Pulverform einfach in die fertigen Furchen hinein.

SCHRITT 3

KARTOFFELN EINSETZEN

Ich habe mir für die erste Furche die Frühkartoffel „Cilena“ ausgewählt. Sie ist eine der beliebtesten Kartoffeln in Deutschland. Die Knollen kommen 5–10 cm tief in die Erde und werden in einem Abstand von 30 cm gepflanzt, sodass man für 3,5 m ca. 10 Knollen benötigt. Beim Einpflanzen solltet ihr darauf achten, dass die zarten Triebe, die sich gebildet haben, nicht beschädigt werden.
In meine zweite Furche pflanze ich die mittel-

frühe Sorte „Laura", die ein paar Wochen später geerntet wird. Wenn ihr Sorten verwendet, die unterschiedlich lange wachsen, werdet ihr viele Wochen lang mit frischen Kartoffeln versorgt.

SCHRITT 4

MIT VLIES ABDECKEN

Damit die Kartoffeln vor Nachtfrost geschützt werden, den es bis Mitte Mai immer noch geben kann, werden sie mit einem Vlies bedeckt. Das Vlies ist gewissermaßen das Negligé für unsere Kartoffeln.
Nicht jeder von euch hat das Glück, einen eigenen Garten zu haben. Damit aber diejenigen von euch, die auf Balkonien oder auf der Terrasse unterwegs sind, auch dicke Kartoffeln anbauen können, möchte ich euch zwei Wege zeigen.

ANBAUALTERNATIVE

KARTOFFELN AUF DEM BALKON ODER DER TERRASSE

Eine Variante ist es, eure Kartoffeln in Kisten zu pflanzen, die man schon für wenig Geld bekommt. Die Kisten werden zur Hälfte mit Erde gefüllt und dann werden pro Kiste drei Knollen eingepflanzt. Vergesst auch hierbei nicht den Dünger. Das Tolle an den Kisten ist, dass ihr sie stapeln könnt und dadurch eine Menge Platz spart. Die Kartoffelsprossen wachsen dabei seitlich aus den Zwischenräumen heraus. Wenn eure Pflanzen nach einigen Wochen etwas größer geworden sind, sollten die Kisten auseinandergestapelt werden, um die Kartoffeln mit der restlichen Pflanzerde abzudecken. Danach können die Kisten wieder gestapelt werden. Alternativ hierzu kann man auch einen Pflanzsack benutzen, um eigene Kartoffeln auf dem Balkon zu pflanzen. Auch hier reicht der Platz nicht für mehr als drei Knollen aus. Wenn ihr die Kartoffeln eingepflanzt, gedüngt und mit Erde bedeckt habt, dann setzt den Sack auf einen Pflanzteller. Nach einigen Wochen ist das Laub so groß geworden, dass ihr euren Pflanzsack erneut mit Erde befüllen solltet, um die Wurzeln eurer Kartoffeln gut abzudecken.

Achtung!

Egal, ob Beet, Kiste oder Sack: Denkt daran, immer ordentlich zu gießen! Kartoffeln brauchen viel Wasser, ganz besonders, wenn sie in geschlossenen Behältern wachsen.

Gartencoach-Tipp

Es gibt total abgefahrene Kartoffeln, z. B. die „Bamberger Hörnchen". Sie sehen aus wie kleine Würste, da sie längsoval sind. Außerdem gibt es eine Reihe von richtig blauen Kartoffeln, wie „Blaue St. Gallen" oder „Shetland Blue".

Birnen, Pflaumen oder Kirschen im eigenen Garten – so pflanzt du einen Obstbaum richtig ein!

Nun möchte ich euch zeigen, wie ihr auch auf kleinem Raum mit eurem Obstbaum einen großen Ertrag erzielen könnt.

Bevor ihr euch für einen Obstbaum entscheidet, solltet ihr euch darüber informieren, welche Obstsorten selbstfruchtbar sind und welche einen Bestäuber-Baum brauchen, wie z. B. Apfel- und Birnenbäume sind auf eine Befruchtung durch eine andere Birnensorte angewiesen. Diese muss aber nicht in eurem eigenen Garten stehen. Häufig reicht ein Blick über den Gartenzaun, um sich Gewissheit über ein günstiges Umfeld zu verschaffen. Genauso ist es mit dem Apfel. Kirschen, Pflaumen und Pfirsiche sind nicht immer selbstfruchtbar. Achtet also bei der Auswahl des Obstbaumes auf eure Gartenbedingungen und fragt gezielt euren Baumschulgärtner, der die gängigen Bestäubertabellen konsultiert. Neben der Sorte solltet ihr bei der Auswahl eures Obstbaumes auch die Veredelungsunterlage beachten. Diese bestimmt die spätere Endgröße des Obstgehölzes.

Obstgehölze werden nahezu immer auf Unterlagen veredelt: Das Edelreis bestimmt die Frucht (z. B. beim Apfel Elster, Cox, Idared, etc.), wohingegen die Unterlage die Wuchshöhe bestimmt. Äpfel auf

WAS IHR BENÖTIGT:

- Einen Spindelobstbaum eurer Wahl, z. B. Birne, Apfel oder Kirsche
- Spaten
- Gartenschere
- Pflock (mind. 5 cm Ø)
- Vorschlaghammer
- Breites, weiches Juteband

Kirschblüte und -früchte.

eigenen Wurzeln (Sämlinge) werden riesig und blühen und fruchten nicht jedes Jahr.

Ich empfehle euch schwachwachsende Veredelungsunterlagen (z. B. bei Äpfeln die Sorte M26), die für eine Spindelerziehung geeignet sind, im Volksmund auch als Spindelobst bezeichnet. Spindelbäume erreichen eine maximale Höhe von 2–3 m und können damit einfach und ohne Leiter zurückgeschnitten und abgeerntet werden. Apfelsorten, die für die Kübelkultur veredelt sind, werden oftmals auf der extrem schwach wachsenden Unterlage M9 geliefert. Diese werden nicht höher als 1,5 m und eignen sich somit hervorragend für euren Obstanbau auf Balkonien.

Ich habe mir eine Williams-Christ-Birne auf einer schwachwachsenden Unterlage von einer Baumschule im Topf besorgt. Das Schöne an Containerbäumen aus der Baumschule ist, dass ich sie das ganze Jahr über kaufen und pflanzen kann. Ich also muss nicht wie bei wurzelnackten Waren auf den Herbst und Winter warten.

SCHRITT 1

PFLANZLOCH AUSHEBEN

Ich möchte den Birnenbaum in meinem Garten an einer Südwand anbringen. Dafür brauche ich als Erstes ein Pflanzloch. Das ist wie immer anderthalbmal so groß wie der Topf, in dem der Baum steht. Nehmt also euren Spaten zur Hand und hebt euer Loch aus.

SCHRITT 2

BAUM EINSETZEN

Bei Obstbäumen müsst ihr nicht unbedingt Kompost in die Pflanzgrube geben. Tatsächlich ist es am besten, die Erde so zu verwenden, wie sie ist. Gegebenenfalls könnt ihr dem Baum mit Mykorrhizza-Pilzen beim Anwachsen helfen.

Ich nehme jetzt meinen kleinen Baum aus dem Topf. Bevor ich den Baum ins Loch setze, lockere ich den Erdballen, der bis gerade eben noch im Topf gesteckt hat, mit meinem Daumen auf. So können die Wurzeln, die in einer engen Kreisbewegung gewachsen sind, neue Wuchsrichtungen finden und sich im Boden richtig schön ausbreiten. Jetzt setze ich den Baum in unsere Pflanzgrube. Die Veredelungsstelle, die verdickte Stelle am Stamm etwas oberhalb der Erde, sollte, wenn der Baum eingepflanzt ist, genau an derselben Stelle sein wie im Topf. Das heißt, ihr setzt den Baum nicht tiefer in die Erde als er im Topf war. Ein Bambusstab hilft als Nivellierlatte, um die richtige Pflanzhöhe zu finden.

SCHRITT 3

BAUM AUSRICHTEN

Weil ich meinen Baum an einer Wand pflanze, schaue ich jetzt nach seiner Orientierung. Dazu trete ich einen großen Schritt zurück und schaue mir den Baum genau an. Ich frage mich: ‚Wo sind neue Triebe, die wahrscheinlich seitwärts wachsen werden? Diese Triebe sollten nicht zur Wand gerichtet sein. Ich drehe sie also in Gartenrichtung, damit sie genug Platz zum Wachsen haben. Pflanzt ihr euren Obstbaum auch in die Nähe einer Wand, eines Zauns, eines Hauses, o. Ä. solltet auch ihr den Baum unbedingt richtig ausrichten. Es hört sich verrückt an, aber fragt euch: Wo hat mein Baum sein Gesicht? Denn wenn der Baum einmal eingepflanzt ist, könnt ihr ihn nicht mehr drehen.

SCHRITT 4

PFLANZLOCH AUFFÜLLEN

Das Pflanzloch verfülle ich mit derselben Erde, die ich ausgenommen habe. Sie wird nicht zusätzlich mit Dünger versetzt. Ihr könnt übrigens ganz praktisch den Spalt zwischen den Wurzelballen und dem Loch andrücken, indem ihr euren Spaten einmal umdreht und mit dem Handgriff auf die entsprechenden Erdstellen klopft. Das ist wichtig, damit darunter keine Lufthohlräume bleiben und euer Baum möglichst fest in der Erde sitzt. Danach baue ich noch einen Gießrand um den Stamm. Dazu forme ich mit den Händen eine ca. 50 cm breite Kuhle um den Stamm herum, die einfach als Becken für euer Gießwasser dienen soll, damit es nicht direkt wegläuft. Hierzu müsst ihr nicht stark buddeln. Auch eine flache Kuhle reicht aus.

SCHRITT 5

PFLANZSCHNITT

Spindelbäume wie unsere Obstbäume haben immer einen zentralen Mitteltrieb, der nach oben wächst und mehrere Seitentriebe, die jeweils nach außen wachsen. Ich schneide alle Triebe mit einer Gartenschere um etwa ein Drittel zurück, um ihr Wachstum anzuregen und den Mitteltrieb zu animieren, im nächsten Jahr wieder auszutreiben. Den Schnitt, den ich dabei mit meiner Gartenschere durchführe, mache ich leicht diagonal und nicht waagerecht, damit etwaiges Wasser ablaufen kann.

SCHRITT 6

BAUM ANBINDEN

Ruckartige Bewegungen, die durch Wind entstehen können, schaden dem jungen Baum beim Anwachsen, deswegen muss er fest

Gut zu wissen!

Um den Boden im Sommer vor Trockenheit zu schützen, könnt ihr Mulchmaterial wie Rindenmulch oder Rasenschnitt auf der Baumscheibe verteilen.

angebunden werden. Dazu nehme ich einen Pflock. Schlagt den Pflock nicht in direkter Nähe zu eurem Baumstamm ein, sonst lauft ihr Gefahr, das Wurzelwerk zu beschädigen. Lasst etwa 30–50 cm Abstand, also in jedem Fall außerhalb eurer Gießrinne, um den Pflock mit dem Vorschlaghammer schräg in den Boden zu schlagen. Der Pflock sollte so schräg ausgerichtet sein, dass er sich mit dem Baumstamm kreuzt. Der Kreuzpunkt zwischen Obstbaum und Pflock ist euer Anbindepunkt. Ihr solltet den direkten Kontakt zwischen Baumstamm und Pflock beim Anbinden unbedingt vermeiden, indem ihr ein breites Juteband mit einem Achtergang um den Stamm bindet, und es dann hinter dem Pflock verknotet. Das Schöne an weichem Juteband ist, dass es unseren Baum nicht stranguliert. Es wächst gewissermaßen mit. Wenn es dann im kommenden Jahr abfallen sollte, müsst ihr ein neues anbringen.

SCHRITT 7

ANGIESSEN

Jetzt gießt ihr euren Obstbaum so lange, bis die Feldkapazität erreicht ist, d. h. der Boden kein Wasser mehr aufnimmt. Generell gilt: Je trockener es ist, desto häufiger solltet ihr euren Obstbaum ab jetzt gießen. Wenn ihr euren Baum im Herbst gepflanzt habt, reicht es etwa, wenn ihr bis Weihnachten noch 3–5-mal gießt. Im Frühjahr und Sommer, gerade bei anhaltender Trockenheit, sollte der Baum aber mindestens 2–3-mal pro Woche mit 3 vollen Gießkannen gegossen werden. Man sagt, dass ein Baum erst nach 2 Jahren angewachsen ist. Bis dahin heißt es: immer nachgießen.
Mein Pflanzloch ist jetzt gesättigt, der Baum ist fixiert und geschnitten. Ich kann mich jetzt darauf freuen, im kommenden Jahr Früchte zu ernten und meine Williams-Christ-Birne als Cognac oder Birnengeist zu genießen.

Gartencoach-Tipp

Wenn ihr fürchtet, dass ihr nicht immer ans Nachgießen denkt, so nehmt einen Gießsack. Diese Säcke können bis zu 80 l Wasser aufnehmen und geben es ganz langsam durch eine durchlässige Matte am Boden an das Erdreich ab. Statt dem jungen Baum alles Wasser auf einmal zu geben, wird es über mehrere Tage langsam abgesondert. So ein Gießsack wird wie ein Mantel um den Baum gelegt und mit einem Reißverschluss zugemacht. Der Baum schaut oben heraus.

Pflaumen und Zwetschgen sind reichtragende Obstsorten. Pheromonfallen schützen vor Schädlingsbefall.

Bei uns im Rheinland wachsen auch mediterrane Früchte wie Feigen und Weinbergpfirsiche.

Obstbaum einfach veredeln - zwei Methoden für die heimische Baumschule

Obstbäume haben eine begrenzte Lebenserwartung und manchmal hängt unser Herz an einem bestimmten Baum. In diesem Kapitel erfahrt ihr, wie ihr als Heimgärtner aus eurem alten Apfelbaum einen jungen nachziehen könnt.

Veredeln von Obstgehölzen macht irre viel Spaß und ihr könnt eure Lieblingssorten einfach vermehren. Also los, es ist leichter, als ihr denkt!

Ihr habt einen Apfelbaum, an dem euer Herz hängt, vielleicht weil viele Erinnerungen mit ihm verbunden sind? Nun nähert sich das Ende seiner natürlichen Lebenszeit, oder ihr müsst umziehen und könnt den alten Baum nicht mitnehmen? Dann macht Folgendes:

Ihr nehmt im Winter (ideal ist Februar) dafür einen bleistiftdicken Trieb des einjährigen Zuwachses. Den schneidet ihr bei einer Länge von etwa 40 cm ab.
Obstbäume werden sehr selten wurzelecht gehalten, d. h. sie wachsen fast nie auf ihren eigenen Wurzeln. Man bedient sich stattdessen in den meisten Fällen einer sogenannten Unterlage. Das sind eigens gezüchtete Pflanzen, deren Wurzelwerk wir benutzen, um die Wuchseigenschaften unseres Baumes zu definieren.
Wenn man z. B. einen ganz kleinen Mini-Apfelbaum haben möchte, sucht man eine M27er Unterlage, wenn man jedoch einen ganz großen, sechs bis acht Meter hohen Baum haben möchte, z. B. die Unterlage M11. Eine Übersicht über alle Unterlagen

WAS IHR BENÖTIGT:

- Einjähriger Trieb
- Unterlage, z. B. M111, je nach gewünschter Baumgröße (gibt es bei der nächsten Baumschule)
- Gartenschere
- Scharfes Messer
- Zellophanband
- Baumwachs
- Eimer mit Erde
- Veredelungszange

und ihre Wuchseigenschaften findet ihr im Internet. Kaufen kann man die Unterlagen in einer guten Baumschule meist im Dezember oder Januar.

Ich habe mir die Unterlage M111 ausgewählt. Sie wird uns nachher einen etwa vier Meter hohen Apfelbaum liefern, der kräftig, aber nicht so groß wie ein Hochstamm wird. Diese Unterlage hat ein gutes Wurzelwerk und dient mir daher als unterer Teil, auf den ich das Edelreis, das ich vom alten Apfelbaum geschnitten habe, veredele.

SCHRITT 1

EDELREIS ZUSCHNEIDEN

Als Erstes nehme ich meine Gartenschere. Die habe ich, da ich hier zwischen verschiedenen Pflanzen arbeite, immer in einer Desinfektionslösung (z. B. Menoflorades), um das Übertragen von Krankheiten zu vermeiden. Meine M111-Unterlage schneide ich etwa 30 bis 40 cm vom Wurzelhals entfernt ab. Dann nehme ich den Trieb, den ich vom Baum geschnitten habe. Zählt einmal die obersten Augen. Es reicht, den Trieb unter dem fünften Auge abzuschneiden. Auch das alleroberste Ende, also den obersten Abschnitt von etwa 0,5 bis 1 cm Länge, schneide ich ab. Jetzt sind eure beiden Pflanzenteile zum Veredeln vorbereitet.

SCHRITT 2

VEREDELUNGSSCHNITT

Man braucht für den Veredelungsschnitt ein wirklich scharfes Messer. Baumschulgärtner haben dafür spezielle Messer. Wenn ihr aber zu Hause nur einmal oder ganz gelegentlich eine Obstbaumveredelung durchführen wollt, genügt auch ein Taschen- oder Küchenmesser, das rasierklingenscharf sein sollte. Geht zum untersten der fünf Augen und macht auf der anderen Seite des Triebs, gegenüberliegend vom Auge, einen Schrägschnitt.

Den Schrägschnitt bezeichnen Gärtner auch als Wunde. Entlang dieser Wunde ist teilfähiges Zellmaterial und da es auf der Rückseite eines Auges war, befindet sich gerade hier sehr viel heilendes Gewebe. Mit eurer Unterlage verfahrt ihr ganz genauso, nur dass ihr hier das obere Ende schräg anschneidet. Am besten versucht ihr, die schrägen Schnitte etwa im selben Winkel zu machen, damit ihr später einen schönen geraden Baum bekommt. Legt die beiden Schnittstellen aufeinander und nehmt ein Zellophanband aus dem Gartencenter, um das Edelreis an die Unterlage zu fixieren.

SCHRITT 3

BAUMWACHS AUFBRINGEN

Die Schnittstelle, die ihr mit dem Zellophanband fixiert habt, solltet ihr jetzt noch mit einem Wundbalsam versorgen, damit das Edelreis nicht vertrocknet. Besorgt euch dafür Baumwachs im Gartencenter. Die Imker und Bienenfreunde unter euch können auch geschmolzenes Bienenwachs verwenden. Bevor ihr loslegt, zieht euch Einmalhandschuhe an, um das klebrige Baumwachs nicht an eure Finger zu bekommen. Geht beim Auftragen auf die Wundstelle ruhig großzügig vor. Das ganze Zellophanband und die Umgebung sollten vom Baumwachs umgeben sein, damit euer kleines Bäumchen möglichst viel Stabilität zum Heilen bekommt. Das Baumwachs braucht ihr später nicht mehr zu entfernen. Nachdem es getrocknet ist, wird es nach einigen Monaten auf dem Feld spröde und bröckelt von selbst ab. Die oberste Spitze eures Triebs, die ihr eben abgeschnitten habt, könnt ihr zusätzlich auch mit dem heilenden Wachs einschmieren, damit sie nicht eintrocknet. Wenn die Unterlage im März anfängt auszutreiben, verheilen die beiden Stellen und wachsen zusammen. Eins von den Augen wird nachher austreiben und dann zu dem Trieb, aus dem dann nachher der neue Apfelbaum wird.

SCHRITT 4

BAUM EINSCHLAGEN

Als Nächstes nehme ich unser zukünftiges Apfelbäumchen und pflanze es in einen Eimer mit Erde. Das genügt erst einmal, um die Unterlage mit dem Edelreis für einige Wochen in einem frostfreien Gewächshaus oder Wintergarten zu halten, bevor ich es dann im April/Mai draußen in meinem Garten in einer kleinen Baumschule zunächst einmal auspflanze, um es in den nächsten zwei bis drei Jahren zu „erziehen“ bzw. aufzuziehen.

Alternative Variante:
Schnitt mit der Veredelungszange

Als Unterlage nehme ich wieder eine M111er Unterlage und das Edelreis vom Apfelbaum. Bei dieser Methode ist es besonders wichtig, dass die beiden Stücke etwa die gleiche Stärke haben. Statt eines Schrägschnitts macht ihr hier unter dem fünften Auge eures Triebes einen Schnitt mit der Veredelungszange. Diese Zangen sind in der Lage, einen V-förmigen Schnitt zu machen. Sie kommen ursprünglich aus dem Weinbau, können aber z. B. auch bei Äpfeln verwendet werden. Den gleichen V-Schnitt macht ihr auch mit der Unterlage, nur dass ihr die Unterlage einmal um 180° dreht, damit ein Gegenstück zu der V-Form im Trieb entsteht. Eure beiden Baumteile sollten jetzt wie Puzzleteile ineinanderpassen. Die restlichen Schnitte wiederholt ihr wie bei der anderen eben gezeigten Variante.

Sortenschutz: Viele Sorten von Nutzpflanzen sind beim Bundessortenamt in Hannover gelistet und dürfen nicht vermehrt werden, ohne beim Züchter eine Lizenzgebühr zu entrichten. Dies trifft auf viele Obst-, aber auch Rosensorten zu. Wie bei Musik oder Software gibt es einen Copyrightschutz auch bei der Vermehrung von Pflanzen. Überprüft beim Sortenamt, ob die Obstsorte, die ihr veredeln möchtet, als geschützt aufgelistet ist. Wenn nicht, besteht kein Sortenschutz und ihr könnt fröhlich veredeln.

Gartencoach-Tipp

In England ist es Mode, Beete mit einer Stepping-over-Hecke zu umgeben, also einer Umfriedung mit Apfelbäumchen, die auf extrem schwachwüchsigen Unterlagen (z. B. M27) veredelt wurden. Der Leittrieb wird in ca. 40 cm Höhe horizontal an einem Draht geführt. Im Laufe der Jahre hat dieser Trieb dann das Gemüsebeet umgeben und man muss nur die Seitentriebe entfernen. Besonders toll sieht das aus, wenn die voll ausgewachsenen Apfelhecken in Kniehöhe im Herbst voller Äpfel sind. Probiert das doch auch mal aus!

EXTRA WISSEN

Laub sammeln und in wertvolle Erde verwandeln

Der Rechen ist ein perfektes Hilfsmittel für das Sammeln des Laubs, das sich im Sommer reichlich bildet. In der Herbstzeit ist dann Laubzeit. Überall liegt jetzt auf unseren Gehwegen, den Gärten und den Straßen das Laub herum. Ich erkläre euch jetzt, wieso ihr es nicht wegwerfen dürft, sondern es verwenden solltet!
Ich habe mir Buchenlaub eingesammelt. Es zersetzt sich in wenigen Monaten zu einem hervorragenden Lauberden-Kompost und ist daher ein wahres Gärtnergold. Buchenlaub hat recht dünnes Blattwerk und wenige Tannine. Genau wie Birken, Ahorn und andere Laube, die recht dünnwandig sind, produziert es einen sehr guten Kompost, den wir vielseitig im Garten einsetzen können. Andere Laube, wie zum Beispiel das vom Kirschlorbeer, der Walnuss oder von Eichen enthalten viele Tannine. Das sind Gerbstoffe, die den Zersetzungsvorgang drosseln, wodurch es sehr schwer für den Boden ist, mit ihnen umzugehen.

1 LAUB ALS MULCH

Ihr wisst ja, dass für mich das Bedeutendste im Garten der Boden ist. Die Pflege des Bodens ist ungemein wichtig, denn nur auf einem gesunden, lebendigen Boden können die Pflanzen gesund gedeihen. Laub spielt eine ganz wichtige Rolle dabei. Ihr könnt es zum Beispiel zum Mulchen benutzen. Wenn es mit dem Rasenmäher etwas zerkleinert ist, könnt ihr damit durch eine Mullschicht aus Blättern ganz einfach karge Flächen abdecken. Aus dieser zehrt das Bodenleben zum einen, es liefert aber auch Lebensraum für Käfer und andere Insekten, die dort überwintern können.

Des Gärtners Freund und Helfer im laubreichen Herbst: der Rechen.

2 LAUBMIETE IM GARTEN

Wenn ihr in eurem Garten mehr Laub habt als ihr sofort vermulchen könnt, dann bietet

es sich an, eine Laubmiete zu bauen. Ich habe mir letztes Jahr eine gemacht. Das ging sehr einfach. Ich habe einfach ein paar Pfähle in die Erde gehauen. Hierbei gilt: je höher, desto besser. Danach habe ich das Areal mit etwas Hühnerdraht umschlossen und schon hatte ich meine 1,5 m hohe Laubmiete.
Ich habe es nach und nach mit weichwandigem Laub gefüllt, bis es voll war. In den letzten Monaten ist der Laubhaufen runtergesackt, was ein gutes Zeichen ist, denn dann kompostiert das Laub. Damit die Bodenlebewesen möglichst aktiv sein können, habe ich das Laub leicht feucht gehalten, indem ich immer wieder Wasser hinzugefügt habe.
Jetzt, nach einem Jahr, ist es soweit. Ich baue meine Miete zurück und fange an, das Laub herauszunehmen und durch eine Kiste mit durchlässigem Boden in eine Schubkarre hineinzusieben. Ich habe jetzt drei Grade von Lauberde: grobe, mittelgrobe und welche, die ich nochmal extra fein gesiebt habe.
Die feinste Lauberde verwende ich zusammen mit Sand und organisch-mineralischem Dünger für meine Blumenzwiebeln wie Schneeglöckchen, Tulpe und Iris. Sand, Lauberde und Dünger, das ist genau das, was Blumenzwiebeln im Topf wollen.
Die mittelgrob gesiebte Lauberde nehme ich als Bodenzuschlagstoff, um Leben in den oftmals schweren Lehmboden oder auch in den Sandboden hineinzukriegen. Die ist wunderbar, denn durch sie kommt sofort Aktivität in den Lebensraum Boden.
Das grobe Material, das durch das Sieb nicht durchgegangen ist, nehme ich so, wie es ist, als Mulchmaterial für Baumscheiben, Büsche und andere Bereiche, an denen der Boden nackt ist. Denn das darf nie passieren im Garten. Der Boden sollte überall bedeckt sein.

3 LAUBERDE EINSETZEN

Ihr könnt eure neugewonnene Lauberde vielseitig einsetzen. Zum Beispiel möchte ich eine kleine Christrose aus einem Topf in mein Gartenbeet einpflanzen. Den harten Lehmboden werde ich dafür mit der Lauberde als Zuschlagstoff aufarbeiten. Lauberde belebt euren Boden zwar ungemein, ist jedoch, wie andere Komposte auch, nährstoffarm und daher nicht zum Düngen geeignet. Daher füge ich dem Boden zusätzlich noch einen Dünger hinzu.
Ein weiterer Einsatz für unsere Lauberde sind Topfpflanzen. Wie jedes Jahr im Herbst pflanze ich meine Weihnachtsnarzissen „Thalia Paperwhite“, die an Heiligabend blühen werden. Ich fülle meinen Topf dafür zunächst mit einer Mischung aus Lauberde, Sand, Perlite und Dünger halbvoll. Dann lege ich meine Blumenzwiebeln darauf und fülle den Topf bis 3 cm unter dem Rand mit der restlichen Laub-Substrat-Mischung auf. Als Letztes bedecke ich die restlichen 3 cm mit der reinen Lauberde.
Lauberde ist wirklich genial für euren Garten. Und ihr könnt sie überall einsetzen. Im Herbst ist die Zeit, in der wir Gärtnersgold anlegen, um es im nächsten Jahr wieder ausbringen zu können. Ich hoffe, ihr lauft dieses Jahr zu euren Nachbarn raus und fragt nach ihrem Laub, um eine Laubmiete anzulegen. So günstig kommt man nämlich sonst nicht an beste Blumenerde.

Mit diesem Trick keimen alle deine Samen – so bricht man die Keimruhe!

Geht's euch auch manchmal so? Ihr habt euch teure Samen gekauft und nicht alle davon keimen auf. Hier verrate ich euch einen Trick, bei dem ihr mit wenigen Mitteln ganz einfach die Keimruhe der Samen brechen könnt.

Im Januar und Februar ist die Zeit, in der Chilis ausgesät werden. Es gibt sehr viele Sorten, die von mild bis mega-scharf reichen. Auch die Preise variieren unglaublich. Für mein Beispiel verwende ich eine Sorte, die ausgesprochen teuer ist. Dementsprechend möchte ich natürlich gerne so viele Pflanzen wie möglich aus dem wenigen Saatgut herausbekommen. Häufig entstehen nicht aus allen Samen Keimlinge, das heißt, nicht alle laufen auf.

Ich möchte aber trotzdem, dass alle Samen keimen und verwende dafür einen Trick: Ich setze eine Säurelösung an, die die Samen so richtig aktiviert.

SCHRITT 1

SAMEN VORBEREITEN

In Südamerika werden Chilis, die botanisch gesehen zur Gruppe der Beeren gehören, durch Vögel natürlich verbreitet. Die Früchte werden gefressen, verdaut und durchlaufen dabei den Vogeldarm. Bestimmte Enzyme signalisieren den Chilisamen bei der Verdauung: „Hey, wenn du wieder auf der Erde bist, kannst du auskeimen!" Der wichtigste Stoff dabei ist die Gibberellinsäure. Dies ist ein gängiges, natürliches Pflanzenhormon. Diese gibt es auch außerhalb des Vogeldarms im Handel zu kaufen. Mit dieser ahme ich nun sozusagen den

WAS IHR BENÖTIGT:

- Chili-Samen
- Gibberellinsäure
- Alkohol aus der Apotheke (Isopropanol)
- Kamillentee
- Feines Sieb
- Aussaatschale
- Aussaaterde
- Pikierstab oder Kugelschreiber
- Evtl. Zimmergewächshaus
- Evtl. LED-Growlamp

Darmtrakt eines Vogels nach und hebe, auf elegantere Weise, die Keimruhe auf.

Gibberellinsäure ist kristallin und sehr schwer wasserlöslich. In Isopropanol, einem Alkohol, den ihr für sehr sehr wenig Geld in der Apotheke bekommt, könnt ihr sie auflösen. Beim Auflösen solltet ihr auf die Herstellerangaben achten. Gibberellinsäure ist eine natürliche Säure, die in Pflanzen und allen möglichen Pflanzenbestandteilen vorkommt. Heute wird sie industriell hergestellt, ist aber für uns Menschen ungefährlich. Sie ist weder ätzend noch reizend.
Um Chilis noch besser zum Keimen zu bringen, hilft Kamillentee. Dieser hat die Eigenschaft, die harte Schale der Chilisamen aufzuweichen, sodass Wasser und Luft in den Samen eindringen können. Die Gibberellinsäure aktiviert den Embryo des Samens. Also vermische ich beides und erhalte so eine handwarme Gibberellinsäure-Kamillentee-Mischung.

In diese Mischung lege ich die Samen nun für 20 Stunden ein. Das geht besonders gut, wenn ich Samen und Säuremischung in den gelben Kunststoff-„Dotter“ eines Kinder-Überraschungseis gebe. (Die Schokolade habe ich vorher gegessen).

Nach den 20 Stunden gieße ich die Säuremischung über ein feines Sieb ab. Dort sammeln sich nun all die aufgeweichten Samen. Betrachtet man sie genauer, dann erkennt man, wie dick sie jetzt geworden sind. Meine vorbereiteten Samen kann ich nun aussäen.

SCHRITT 2

SAMEN AUSSÄEN

Ich kann die Samen in einer ganz normalen, mit torffreier Aussaaterde gefüllten Aussaatschale aussäen. Dann muss ich sie später, sobald sie aufgelaufen sind, pikieren. Dazu bohre ich mit einem Pikierstab ein kleines Loch in die Erde und hebe die kleine Pflanze vorsichtig heraus. Ganz vorsichtig ziehe ich die Pflanze mit den Fingern heraus, lege sie über das vorbereitete Erdloch an ihrem neuen Standort und drücke mit dem Pikierstab die Wurzel behutsam in die Erde.

Ich kann die Samen aber auch in Quelltöpfe aus Kokohum, nicht aus Torf, einbringen.

DER
GARTEN

Die verschiedenen Chili-Sorten reichen auf der Scoville-Skala von mild bis mega-scharf.

Bei keimenden Chili-Pflanzen gehen nicht nur die Samen, sondern auch des Gärtners Herz auf.

Gartencoach-Tipp

Die Methode mit der Gibberellinsäure könnt ihr bei allen Samen einsetzen, die nur schwer aus ihrer Keimruhe herauszuholen sind.

Kokosfaser ist ein nachwachsender Rohstoff und damit umweltfreundlicher als Torf. In diesem Fall kann ich sie später ohne Umpflanzschock in einen Topf heben. Das ist die einfachere und schonendere Methode, weil auf diese Weise der Pikierschritt entfällt.

In die Aussaaterde des Quelltopfs bohre ich einfach ein Pflanzloch für das Samenkorn. Chilis sind sogenannte Dunkelkeimer. Das bedeutet, dass sie abgedeckt werden müssen, sobald sie im Pflanzloch sind. Für die Keimung benötigen sie kein Licht. Daher schließe ich die Pflanzlöcher mit Erde. Macht auf jeden Fall ein Etikett an euren Quelltopf oder eure Aussaatschale, damit ihr wisst, welche Sorte wo ist. Das ist besonders wichtig, wenn ihr mehrere Sorten, z. B. milde und scharfe Sorten, ausgesät habt, weil ihr sie dann nachher besser auseinanderhalten könnt.

Die Samen sollten jetzt in ein Zimmergewächshaus gestellt werden und bei 25 bis 27°C Bodentemperatur anwachsen. Anders als bei anderem Gemüse brauchen Chilis während der Keimung wirklich hohe Temperaturen. Deswegen kann man sie gut auf ein Fenstersims stellen, unter dem sich eine Heizung befindet, sodass Bodenwärme vom Sims in das kleine Gewächshaus hineinzieht. Das Gewächshaus sollte man zudem an einer sehr hellen Stelle platzieren.

SCHRITT 3

PFLANZLEUCHTE VERWENDEN

Um euren kleinen Chili-Pflanzen und anderen Jungpflanzen fürs Hoch- oder Gartenbeet im dunklen Februar wirklich die besten Wachstumsmöglichkeiten zu geben, empfehle ich euch eine LED-Growlamp zu verwenden. Diese LED-Lampen mit niedrigem Stromverbrauch sind im Gartenbedarfshandel erhältlich. Sie verfügen über ein sehr breites Lichtspektrum, sodass die Pflanzen davon besser und gedrungener wachsen. Die Growlamps lassen sich in normale Lampen einschrauben. Auf diese Weise kann ich dann die Chilis, sobald sie im Februar aufgelaufen sind, mittels einer Zeitschaltuhr zusätzlich so mit Licht versorgen, dass sie bis zu 15 Stunden Dauerlicht erhalten. Das haben sie gern.

Habt ihr all das geschafft, dann habt ihr alles für eure Chilis getan, was möglich ist, damit sie in diesem Jahr wirklich zahlreich keimen.

40
50

Tomaten richtig aussäen, pikieren & pflegen – Tipps & Tricks für eine erfolgreiche Anzucht

Im März werden Tomaten ausgesät. Es ist nicht schrecklich schwierig, Tomaten aus eigener Anzucht im Garten oder auf dem Balkon anzubauen, aber die wichtigsten Schritte solltet ihr beherzigen und die möchte ich euch jetzt erklären.

Wer die Wahl hat, hat die Qual – das trifft bei Tomaten ganz besonders zu. Es gibt eine unglaubliche Anzahl an Sorten, aus der ihr Gärtner wählen könnt. Tomaten sind eine der diversesten Pflanzengruppen. Man schätzt, dass es weltweit über 40.000 Sorten gibt. Viele davon sind regionale Landrassen (z. B. „Bonner Beste"), aber es gibt auch ubiquitäre Klassiker für den Garten, wie beispielsweise die Sorte „Gardener's Delight". Wenn ihr die schwierige Entscheidung getroffen und „eure" Tomatensorte gefunden habt, könnt ihr loslegen.

WAS IHR BENÖTIGT:

Zum Aussäen:

- Tomatensamen
- Quelltöpfe, Fruchtschalen oder Aussaatschalen
- Aussaaterde
- Pikierholz oder Kugelschreiber
- Pinzette
- Ggf. (Anzucht-) Gewächshaus

Zum Pikieren und Umtopfen:

- Tomatenerde
- Stecketiketten und Stift
- Ggf. Thermometer
- Pflanztöpfe (8–12 cm Ø)
- LED-Birne (30.000 Lux)
- Bürolampe

Ihr habt zwei Möglichkeiten, um eure Tomaten auszusäen: die Quelltopf- und die Aussaatschalen-Methode.

VARIANTE A)

Die Quelltopf-Methode

SCHRITT 1

TOMATENSAMEN AUSSÄEN

Schauen wir uns als Erstes die Option mit den Kokos-Quelltöpfen an: Die Quelltöpfe werden für 5 Minuten im Wasserbad aufgeweicht und quellen dann sehr schnell zu kleinen Ballen auf, die in Größe und Form an Frikadellen erinnern. In jeden Quelltopf werdet ihr zwei Tomatensamen pflanzen, von denen nur die stärkere der beiden Pflanzen nachher stehen bleibt. Der Tomatensamen ist ein Dunkelkeimer. Das bedeutet, er möchte während des Keimens kein Licht abbekommen, sondern lieber von etwas Erde bedeckt sein.

Nehmt euch jetzt einen Kugelschreiber oder wer hat, ein Pikierholz zur Hand und stoßt in jeden der Quelltöpfe ein 0,5 cm tiefes Aussaatloch hinein. Stellt die Quelltöpfe in eine für eure Menge passende Schale mit durchlässigem Boden, wie eine Fruchtschale. Als Nächstes lasst ihr mithilfe einer Pinzette jeweils zwei Tomatensamen pro Quelltopf in die Löcher fallen. Manchmal muss man aufpassen, dass man sie wirklich abstreift, denn die Samen bleiben gerne an der Pinzette kleben. Verschließt das Loch anschließend mit eurem Kugelschreiber oder Pikierholz, indem ihr die umliegende Erde dazu benutzt, um das Loch zu schließen. Drückt die Erde dabei leicht an. Ganz sinnvoll ist es, ein Etikett für die Tomaten zu beschriften, denn möchte man mehrere verschiedene Tomatensorten oder andere Pflanzen vorziehen, verliert man leicht den Überblick. Auf das Etikett schreibe ich zunächst die Sorte der ausgesäten Tomate, was in meinem Fall die „Weiße Königin" ist. Es ist eine Konvention in Gärtnerkreisen, das Aussaatdatum oben auf das Etikett zu schreiben und darunter Platz für das Pikierdatum zu lassen, auch Vereinzeldatum oder Umpflanzdatum genannt. So hat man einen guten Überblick, was mit den Tomatenpflanzen wann zu tun ist.

Stellt die Schale mit euren Quelltöpfen jetzt an einen warmen und hellen Ort in eurer Wohnung. Einer der häufigsten Gründe, weswegen Tomaten nicht keimen, ist, weil es ihnen zu kalt ist. Ihr könnt ein beheizbares Anzuchtgewächshaus besorgen, das dann drinnen prinzipiell an nahezu jedem Standort stehen kann. Wenn ihr einen Ort in eurem Haus oder eurer Wohnung habt, den ihr etwa 3 Wochen auf einer Temperatur von 22–25°C halten könnt, wie beispielsweise eine Fensterbank über einer Heizung, tut es auch ein Zimmergewächshaus mit einem Deckel oder eine einfache Fruchtschale, die ihr mit Frischhaltefolie bespannt. Ihr könnt zur Temperaturkontrolle ein Thermometer hineinsetzen. Ihr solltet auf jeden Fall sichergehen, dass die Temperatur von 22°C während der Keimung nicht unterschritten wird. Gießt eure Tomaten alle 1–2 Tage mit etwas Wasser. Sie sollten stets feucht sein. Die Quelltöpfe müsst ihr, nachdem die anfängliche Feuchtigkeit verbraucht ist, also nach 2–3 Tagen, regelmäßig gießen.

Gartencoach-Tipp

Wenn ihr eure Tomaten 20 Stunden vor der Aussaat in Kamillentee einweicht, können sie später leichter Wasser aufnehmen und besser keimen.

SCHRITT 2

TOMATEN UMTOPFEN

Nach zwei bis drei Wochen sollten sich schon kleine Pflänzchen gebildet haben, die neben den beiden Keimblättern bereits ein paar Blätter ausgebildet haben. Jetzt müssen die Tomaten eingetopft werden. Dazu fülle ich einen Pflanztopf mit 8 bis 12 cm Durchmesser etwa zu einem Drittel mit vorgedüngter torffreier Tomatenerde, setze dann mein Pflänzchen mit dem Quelltopf zusammen hinein und fülle es mit Erde auf. Falls eure Erde draußen herumlag, wärmt sie über Nacht auf der Heizung auf. Tomaten bekommen sehr leicht einen Kälteschock, angewärmte Erde hingegen lieben sie! Achtet darauf, dass eure

Tomaten am Strauch in verschiedenen Reifephasen.

kleine Tomatenpflanze schön mittig und tief genug sitzt. Einer der häufigsten Fehler ist es, Tomaten nicht tief genug zu pflanzen. Ihr Stamm sollte beim ersten Umpflanzen ein paar Zentimeter tief in der Erde liegen, weil sie, anders als andere Pflanzen, auch am Stamm noch Wurzeln bilden, die der Pflanze zu mehr Stabilität dienen. Damit sich die Erde schön setzt, könnt ihr den Topf ein- oder zweimal kurz über dem Tisch fallen lassen. Zum Schluss solltet ihr die Pflanzen noch in der neuen Erde angießen. Achtet auch hier drauf, dass eure Tomaten keinen Kälteschock erleiden. Nehmt deshalb leicht angewärmtes Wasser.

Der Vorteil bei der Aussaat im Quelltopf ist, dass ihr die Pflänzchen nicht pikieren müsst und dass hier kein Umpflanzschock passiert, denn die Pflanze wird mitsamt dem Quelltopf in den nächstgrößeren Topf umgesetzt. Aber auch wenn sich Pflanzen aus der Aussaatschale nach dem Pikieren in neuer Pflanzenerde zurechtfinden müssen und dabei einen Umpflanzschock erleiden, machen die Pflanzen das in der Regel in wenigen Stunden wieder wett, wenn ihr es vorsichtig angeht.
Die Töpfe, die ihr fürs erste Einpflanzen nutzt, sind eine Zwischenstation für eure Tomatenpflanzen. Sie werden in etwa vier Wochen

nochmals umgepflanzt, weil sie dann das gesamte Erdreich dieses Topfes ausgefüllt haben. Auch hier kommen sie jetzt wieder an einen hellen und warmen Standort. Dieser kann mit 15 bis 20°C auch etwas kühler sein. Sie werden sehr schnell wachsen und brauchen deswegen auch sehr viel Wasser. Idealerweise habt ihr einen Untersetzer hierfür, aus dem sich die Wurzeln Wasser ziehen können. Ihr könnt aber auch immer direkt von oben in den Topf hineingießen.

VARIANTE B)

Die Aussaatschalen-Methode

SCHRITT 1

TOMATENSAMEN AUSSÄEN

Eine Aussaatschale bekommt ihr neu im Gartencenter, ihr könnt aber auch stattdessen eine ausrangierte Fruchtschale aus Plastik recyceln, die nach dem Einkauf auf dem Müll landen würde. Achtet auf jeden Fall drauf, dass sich am Boden der Schale Drainagelöcher befinden, damit überschüssiges Wasser ablaufen kann. Um eure Tomaten auszusäen, braucht ihr eine nährstoffarme Aussaaterde, im Idealfall eine torffreie, denn diese ist nachhaltiger. Nachdem ihr die Erde in eure Schale gefüllt habt, macht ihr im Abstand von etwa 2 cm mithilfe eines Kugelschreibers oder eines Pikierholzes die Aussaatlöcher in eure Erde.

Diese sollten 0,5 cm tief sein, damit die Dunkelkeimer später von Erde bedeckt liegen. Der weitere Vorgang ist ab diesem Punkt der gleiche wie beim Aussäen in Quelltöpfen: Mit einer Pinzette lasst ihr jeweils zwei Tomatensamen in ein Loch fallen, bedeckt dieses mit Erde und drückt sie leicht an. Und schon habt ihr eure Tomaten ausgesät.

Gartencoach-Tipp

Krautfäule ist eine große Herausforderung beim Tomatenanbau.

- Es gibt wenige Sorten, die tolerant gegen Krautfäule sind. Diese sind also gut für den Außenbereich geeignet und die Blätter können eher mal feucht werden. Euer Gartencenter berät euch dazu.
- Gießt eure Tomaten alle 14 Tage mit einer Beinwelljauche. Diese ist reich an Kalium und stärkt die Zellen in den Blättern. Somit sind sie besser gerüstet gegen die verheerende Pilzkrankheit.
- Desinfiziert eure Pflanzstäbe vom Vorjahr gut, denn die Sporen der Krautfäule überwintern und können eure jungen Pflanzen anstecken.

EXTRA WISSEN

Die häufigsten Fehler bei der Tomatenanzucht

1 ZU FRÜHE AUSSAAT

Wenn Tomaten zu Hause zu früh ausgesät werden, müssen sie zu lange in der Wohnung bleiben und werden zu groß, bevor sie ab dem 15. Mai ausgepflanzt werden können.
Die beste Aussaatzeit ist Anfang bis Mitte März. Um einen reich tragenden Tomatenstrauch zu erhalten solltet ihr diese Tipps beherzigen.

2 DIE FALSCHE TEMPERATUR

Wenn Tomatensamen sind nicht warm genug gehalten werden, könnte es sein, dass sie nicht keimen. Die beste Temperatur zum Keinem sind 22–25°C.
Aber: Wenn Sie nach dem Pikieren zu sehr warmgehalten werden, werden sie wiederum zu lang. Daher nach dem Pikieren die Temperatur drosseln.

3 TROCKENHEIT DER SAMEN

Damit die Tomatensamen zwischendurch nicht zu trocken werden, sollte man jeden Tag nachfühlen, ob die Tomatensamen genug Feuchtigkeit haben und sie gegebenenfalls gießen.

4 DIE FALSCHE PLANUNG

Je nachdem, für welche Aussaatmethode ihr euch entscheidet, wollen die Pflanzen zur richtigen Zeit umgepflanzt bzw. umgetopft werden. Tomaten in der Aussaatschale wollen schon etwa 2–3 Wochen nach der Aussaat, wenn sich die ersten echten Blättchen (nicht die Keimblätter) gebildet haben, pikiert werden. Tomaten aus Quelltöpfen wollen erst nach 3 Wochen umgetopft werden. Dazu solltet ihr natürlich genügend passende Töpfe und ausreichend Platz für die Menge an Töpfchen einplanen.
Spätestens jetzt solltet ihr euch außerdem überlegen, wo ihr eure Tomatenpflanzen im Anschluss hinstellen wollt, nachdem sie dann ein zweites Mal umgetopft worden sind. Wenn ihr ein Gewächshaus oder einen Folientunnel habt, der relativ geschützt ist und auch Frostfreiheit garantiert, könnt ihr eure Tomaten schon vor Mitte Mai nach draußen pflanzen.

Denkt auch bei Variante b) daran, am besten ein Etikett zu beschriften, auf dem ihr Sorte und Datum festhaltet.

Stellt sie dann auch bei dieser Variante ins Anzuchtgewächshaus oder auf die warme, sonnige Fensterbank, sodass sie rund 3 Wochen am besten bei 22–25 °C stehen. Und denkt auch daran, sie stets feuchtzuhalten.

SCHRITT 2

TOMATEN PIKIEREN

Nach etwa 3 Wochen sind die Tomaten in eurer Aussaatschale gekeimt. Sie sind dann alt genug, um pikiert, also um vereinzelt und jeweils in eigene Töpfe gesetzt zu werden. Ich bereite mir zuerst so viele Töpfe vor, wie ich Tomatenpflänzchen habe. Hierzu nehme ich, genauso wie bei Variante a), jeweils einen Pflanztopf mit 8–12 cm Durchmesser und befülle ihn mit Erde. Verwendet dazu keine Anzuchterde mehr, denn diese ist zu nährstoffarm für eure kleinen Pflänzchen. Die im Gartencenter erhältliche Tomatenerde ist schon vorgedüngt, d. h. sie ist insbesondere mit Stickstoffdünger angereichert, damit die Pflanzen schnell groß werden können.

Als Nächstes nehme ich wieder einen Kugelschreiber zur Hand und wende mich den Tomatenpflanzen in der Aussaatschale zu. Ich greife die Keimblätter der Pflanze vorsichtig mit meinen Fingern, während ich mit dem Ende des Kugelschreibers von der Seite schräg unter die Pflanze in die Erde gehe, um sie langsam mit einer Hebelbewegung aus der Erde zu holen. Ich gehe dabei unglaublich vorsichtig vor, denn die Pflanzen können leicht zerbrechen.

Mit dem Kugelschreiber mache ich jetzt ein Loch in die Erde im Töpfchen. Das Pflanzloch kann ruhig etwas tiefer sein als die Wurzeln, denn Tomaten wurzeln, wie gesagt, nachher auch am Wurzelhals, was ihnen zusätzliche Stabilität gibt. In diese Löcher setze ich die Tomaten hinein. Mit dem Kugelschreiber kann ich die Pflanzen dann leicht runterdrücken. Zum Schluss schön angießen und, genau wie bei Variante a), für vier Wochen an einen hellen Standort mit ca. 15 bis 20 °C Raumtemperatur stellen, bis wir sie in ihren endgültigen, großen Topf setzen. Regelmäßiges Gießen bitte auf keinen Fall vergessen.

Die richtige Belichtung

Oftmals haben wir das Gefühl, wenn wir einen Raum betreten, dass er ausreichend hell für unsere Pflanzen ist, obwohl viele Räume das gar nicht sind. Unser Auge und unser Gehirn sind in der Lage, eine Art Restlichtverstärker im Kopf zu erzeugen. Anders als wir Menschen haben junge Pflanzen solch einen Restlichtverstärker nicht. Sie benötigen tatsächliches Licht und am besten so viel wie möglich davon. Eine Tomaten-Jungpflanze benötigt 30.000 Lux.

Um ein Gefühl dafür zu bekommen, wie viel Tageslicht ihr daheim im Zimmer habt, gibt es für die Techno-Freaks unter euch schon für unter 15 Euro einen Lichtmesser zu kaufen.

Der sagt uns Gärtnern, wie viel Licht tatsächlich vorhanden ist.

Solltet ihr herausfinden oder vermuten, dass es bei euch nicht hell genug ist, könnt ihr euch ganz einfach und schnell eine eigene Pflanzenwachstumslampe bauen. Dazu benötigt ihr nur eine Bürolampe und eine LED-Birne mit etwa 30.000 Lux. Schraubt einfach diese passende Birne hinein – und schon bekommen eure Pflanzen die gewünschte Menge an Licht! Wenn ihr sie jetzt etwa 12 Stunden am Tag diese gewünschte Lichtmenge zuführt, werden sie nicht lang und gakelig, sondern schön gedrungen, mit einer richtig saftigen, dunkelgrünen Färbung.

Für Freiland- und Balkontomaten solltet ihr unbedingt die wichtigste Regel befolgen, nämlich, die Tomaten nicht vor den Eisheiligen (15. Mai) auszupflanzen, denn nur dann sind sie vor Frost geschützt.

Tomaten auf dem Balkon

Wenn ihr einen Garten ohne Gewächshaus habt, findet einen sonnigen, überdachten Platz im Freiland für sie. Hier reicht ein Abstand von 60 cm zwischen den einzelnen Pflanzen.

Wenn die Blätter beim Regen trocken bleiben, vermeidet ihr Krautfäule. Habt ihr kein Dach, so nehmt z. B. die Sorte „Philovita", die eher resistent gegen Krautfäule ist.

Baut ihr Tomaten auf dem Balkon an, dann sorgt auch hier für genügend Platz. Denn beim nächsten Umtopfen Mitte Mai kommen die Tomaten in einen mindestens 10, besser 15 Liter großen Container. Diesen solltet ihr mit einer reichhaltigen Tomatenerde und viel Langzeitdünger anreichern.

DER GARTEN COACH
DER GARTEN COACH
DER GARTEN COACH

Gurken im Garten oder Gewächshaus – Tipps zu Anzucht & Anbau

Die Gurke (Cucumus sativus) ist ein Klassiker für den Beginn eurer Gärtnerkarriere. Welche Formen, Farben und Sorten es gibt, welchen Anbauplan wir uns zurechtlegen müssen und welche Fehler wir beim Gurkenanbau vermeiden wollen, das möchte ich euch jetzt erklären.

Die Auswahl der richtigen Sorte

Grundsätzlich gibt es zwei Typen von Gurken für uns Gärtner im Heimgarten, die für den Anbau unterschieden werden müssen: Gewächshaus- und Freilandgurken. Wenn ihr ein Gewächshaus habt, könnt ihr dort alle Gurkensorten anbauen, denn sie benötigen Wärme und die meisten von ihnen brauchen eine Rankhilfe. Dort wachsen auch die großen Schlangengurken ganz prächtig, wie ihr sie aus dem Supermarkt kennt. Man nennt sie auch Salatgurken. Ich mag besonders die samenfeste Sorte „Tanja", die sich fürs Gewächshaus genauso eignet wie für den Freilandanbau.

LANDGURKE

Im Freiland wachsen noch viele weitere leckere Gurkensorten, auch Landgurken genannt. Ihre Früchte werden etwas kleiner als die der Salatgurkenpflanze. Die Schale der knackigen Landgurke ist, je nach Sorte, oft etwas fester und dunkler und variiert von glatt bis strukturiert.

SNACKGURKE

Auch für Balkon und Terrasse sind bestimmte Gurkensorten

WAS IHR BENÖTIGT:

- Gurkensamen
- Tontöpfe (8–12 cm Ø)
- Anzuchterde
- Pikierholz oder Kugelschreiber
- Vermiculite

1. Landgurke
2. Japanische Bittergurke
3. Snackgurke
4. Einlegegurke
5. Salatgurke

geeignet, die ihr am besten im Haus vorzieht oder als Jungpflanzen kauft. Snackgurken eignen sich hier besonders gut, da sie weniger Platz benötigen und dafür sehr schnell viele kleine, knackige Früchte tragen. Ihr könnt sie in Kübeln anbauen und solltet ihnen Klettermöglichkeiten bieten. Statt ihnen eine Rankhilfe zu geben, könnt ihr sie auch nach unten „krabbeln" lassen, sofern sie dann noch genügend Licht abbekommen.

EINLEGEGURKE

Einlegegurken können sogar direkt unter freiem Himmel in die Ackerkrume gesät werden und benötigen keine Rankhilfe. Sie brauchen stattdessen nur einen ausreichend großen Freiraum von rund zwei Quadratmetern, über den sie kriechen können. Besonders lecker sind unsere Bornheimer Vorgebirgstrauben. Dabei handelt es sich um eine rheinische regionale Einlegegurke, die schon seit Jahrzehnten aus dem Bonner Raum kommend ihren „Siegeszug" in die Bundesdeutschen Gärten gemacht hat

BITTERGURKE

Darüber hinaus gibt es noch Bittergurken (Momordica charantia), die als lebensverlängernd gelten. Ich lernte sie auf einer Reise nach Japan kennen. Die sogenannte Bittergurke ist strenggenommen gar keine Gurke, aber sie gehört genauso wie unsere bekannten Gurkensorten zu den Kürbisgewächsen, zu denen übrigens auch Melonen zählen. Bei den Japanern, die in der Gegend von Okinawa leben, steht die Bittergurke als Gemüse auf dem Speiseplan und dort werden

Vorsicht, giftig!

Im Gegensatz zur japanischen Bittergurke sind unsere heimischen Gurken nicht genießbar, wenn sie bitter schmecken. Das passiert, wenn ihr sie zu wenig gegossen habt. Dann bitte entsorgen und nicht essen, weil die produzierten Cucurbitacine unter anderem Magenschmerzen auslösen können. Bei so mancher Zucchini sollte man sogar noch mehr aufpassen: Bittere Zucchini trägt manchmal noch das Erbgut des toxischen Zierkürbis Cucurbita pepo.

Vorsicht, Gurken können Giftstoffe entwickeln. Wenn eure Gurken unter zu großem Wasserstress leiden, dann schmecken sie nicht mehr. Deswegen regelmäßig gießen!

viele Menschen sehr alt. Sie wird auch in der traditionellen Medizin genutzt. Also, wenn ihr 100 Jahre oder älter werden wollt, dann esst doch mal die Bittergurke. Das tropische Gewächs lässt sich mit etwas Geschick auch bei uns anbauen.

Der richtige Aussaatzeitpunkt

GURKEN IM GEWÄCHSHAUS

Besonders die Schlangen- bzw. Salatgurke, wie ihr sie im Laden findet, macht sich im Gewächshaus gut. Ihr könnt die Gurkenpflanzen schon ab Mitte bis Ende März in eurem Gewächshaus vorziehen und sie dann später an einer Rankhilfe auspflanzen. Wartet die Eisheiligen Mitte Mai ab, um sie dauerhaft draußen zu platzieren, denn Gurken sind extrem kälteempfindliche Pflanzen. Sie dürfen nicht mit

Gurkensetzlinge

Frost in Berührung kommen, deswegen ist es wichtig, sie geschützt zu kultivieren.

GURKEN IM FREILAND

Wenn ihr kein Gewächshaus habt, aber trotzdem reich tragende Gurkensorten anbauen wollt, dann würde ich euch empfehlen, erst ab April mit der Anzucht zu beginnen. Wenn sie zu früh ausgesät werden, dann werden sie schon groß, bevor sie in den Garten ausgepflanzt werden können. Das birgt die Gefahr, dass sie draußen von Krankheiten und Schädlingen befallen werden. Deswegen seid lieber etwas geduldiger und sät eure Salat- und Landgurken für das Freiland erst Mitte April in die Anzuchttöpfchen.

EINLEGEGURKEN IM FREILAND

Einlegegurken sind ein richtiger Heimgarten-Klassiker. Man kennt sie auch unter dem Sortennamen Vorgebirgstrauben. Anders als Salatgurken müssen sie nicht erst in Anzuchttöpfchen gesät werden, denn sie fühlen sich von Anfang an im Garten wohl. Achtet dabei nur auf den richtigen Aussaatzeitpunkt, der zwischen Anfang bis Mitte Mai liegen sollte. Mit einem Vlies bedeckt können wir sie im Gemüsegarten direkt in situ aussäen.
Für alle Gurkensorten empfiehlt es sich, ab Juni ein zweites Mal auszusäen, damit sich eure Erntezeit bis in den Herbst verlängert.

Gurken aussäen

Eine meiner Lieblingssalatgurken für das Freiland ist, wie erwähnt, die Sorte „Tanja“. Sie

MÄRZ	APRIL	MAI	JUNI	JULI	AUGUST	SEPTEMBER	OKTOBER
Aussaat Schlangengurke	Aussaat Landgurke	Aussaat Einlegegurke	Zweite Aussaatphase	Erntezeit			
Anzucht im (Gewächs-)Haus		Aussaat im Freiland					

Die Saatphasen variieren je nach Gurkenart und Anzuchtsort.

wird am allerbesten in Tontöpfe gesät. Das Schöne an Tontöpfen ist, dass sie atmen und in der Lage sind, Wasser aufzunehmen. Für das Anziehen benötige ich eine nährstoffarme Anzuchterde, damit die junge Pflanze nach Nährstoffen suchen muss und die Sämlinge dabei viel Wurzelwerk bilden. Ihr seht: Pflanzen sollte man in Kindertagen nicht zu sehr „verwöhnen". Die Qualität meiner Gurkensamen ist relativ gut, das bedeutet, dass von zehn Samen bestimmt mindestens acht keimen werden. Aus diesem Grund gehe ich hin und säe tatsächlich nur einen Samen pro Blumentopf aus. Wenn ich Saatgut aus anderen Quellen habe, über deren Qualität ich nichts Sicheres weiß, säe ich immer mehrere Samen pro Blumentopf aus. Nachher vereinzele ich jede Pflanze und sortiere dabei die Pflänzchen aus, die nichts geworden sind.

Gurken sind Dunkelkeimer, daher mache ich mit einem Pikierholz oder Kugelschreiber ein etwa 1 cm tiefes Loch in die Anzuchterde, das ich wieder mit Erde zudecke, nachdem ich den Samen hineingetan habe. Jetzt brauchen die Gurken Licht und Wärme. Am besten kommen sie an eine sehr warme und sehr helle Stelle auf die Fensterbank oder in ein Anzuchtgewächshäuschen.

Super zum Abdecken von Blumentöpfen oder von Aussaatschalen ist ein Substrat namens Vermiculite. Es hält die Feuchtigkeit, gibt Licht und Luft durch und es schützt uns vor ungebetenen Gästen, wie z. B. der Trauermücke. Das Substrat besteht unter anderem aus Aluminium, Eisen und Magnesium.

Zu Guter Letzt: Wichtig ist, dass ihr eure Anzuchttöpfchen sehr gut angießt und sie immer an einer hellen Stelle stehen lasst. Wichtig ist auch noch, dass sie zugfrei stehen und vor Temperaturschwankungen geschützt sind. So keimen eure Gurken nach etwa zehn Tagen.

Gartencoach-Tipp

Ihr könnt Einlegegurken auch super zum Kaschieren der Seiten eures Hochbeetes nutzen, indem ihr sie daran herunterwachsen lasst.

EXTRA WISSEN

Die häufigsten Fehler bei der Gurkenanzucht

1 DIE FALSCHE TEMPERATUR

Egal, wie ihr eure Gurken anbaut, achtet immer darauf, dass sie im Warmen stehen und keinen Temperaturschwankungen ausgesetzt sind.
Wenn ihr eure Gurken zu Hause vorzieht, müsst ihr zeitlich einplanen, dass die Temperaturen beim Auspflanzen schon etwas milder sind. Als Faustregel gilt es auch hier, mit dem Umpflanzen bis Mitte Mai zu warten. Um eure Pflänzchen auf den Garten vorzubereiten und zu verhindern, dass die Blätter einen Sonnenbrand erleiden, stellt die Pflänzchen ein paar Tage vorher immer wieder halbschattig nach draußen. Wir Gärtner sprechen vom Abhärten, denn in unseren Zimmern kriegen die Pflanzen kein UV-Licht. Wenn so ein „Weichling“ dann nicht abgehärtet nach draußen kommt, ist der Sonnenbrand vorprogrammiert.
Sät ihr Einlegegurken direkt ins Freiland, brauchen sie die ersten Tage und Nächte ein Vlies, das sie vor Winden und Frost schützt.

2 FALSCHER UNTERGRUND

Ihr werdet mit euren Gurken wenig Freude haben, wenn ihr sie in einen sandigen Boden pflanzt oder in einen sehr harten Lehmboden. Die kleinen Pflänzchen benötigen viele Nährstoffe. Sie brauchen zudem ein ausreichend feuchtes Milieu und das kriegen sie, wenn der Boden gut vorbereitet ist und ordentlich organisches Material beinhaltet. Ich schwöre auf Pferdemist, der gut abgelagert ist.
Im März und April ist die Zeit, in der ich die Bodenbeete vorbereite und viel organisches Material einbringe, sodass der sandige Boden mit organischem Material angereichert und der harte Lehmboden aufgelockert ist.

3 FALSCHER STANDORT

Gurken sind Sonnenanbeterinnen. Sie haben große Blätter, mit denen sie die Energie der Sonne einfangen und sie durch die Photosynthese in unsere Früchte hineinbringen. Gurken pflanzen wir daher immer an vollsonnigen Stellen. Falls ihr sie auf dem Balkon oder der Terrasse anbauen möchtet, dann sollte es am besten eine Süd- oder Süd-West-Lage sein. Einlegegurken sind klassische Feldpflanzen, die in voller Sonne auf der Ackerflur angebaut werden. Unsere Salatgurken für das Gewächshaus allerdings müssen bei zu starker Sonne beschattet werden. Ferner benötigt ihr eine Rankhilfe, wie z. B. eine Baustahlmatte, damit sie von unten nach oben kriechen können.

4 ZU WENIG GIESSEN

Das regelmäßige Gießen der Gurkenpflanzen ist wirklich wichtig, weil sie sonst bitter werden und dann nicht mehr verzehrt werden können. Dann sind sie, wie zuvor erwähnt – im Gegensatz zu den japanischen Bittergurken – für uns Menschen giftig. Sie können unter anderem Übelkeit, Schwindel und Magenschmerzen verursachen, weil sie das Gift Cucurbitacin E entwickeln. Am liebsten wollen unsere Gurken deshalb täglich gegossen werden, am besten in Zimmertemperatur. Wässert nah am Stämmchen und befeuchtet nicht die Blätter. Falls euch das tägliche Gießen zu stressig oder nicht möglich ist, zum Beispiel, wenn ihr für ein paar Tage verreist, dann schaut mal nach Möglichkeiten der Tröpfchenbewässerung über Ventile, damit eure Gurken niemals austrocknen. Dafür gibt es DIY-Bastelanleitungen oder fertige Sets an Bewässerungssystemen.

5 PILZ-ERKRANKUNGEN UND ANDERE PROBLEME

Schädlinge und Krankheiten nehmen euch wirklich den Spaß an euren Gurken. Egal, ob es im Gewächshaus, draußen auf einem Hochbeet oder auf dem Acker ist – wenn ihr sie auspflanzt und dann am nächsten Tag wiederkommt und keine Gurkenpflanze mehr da ist, dann waren die Schnecken unterwegs. Hier solltet ihr euch im Vorfeld Gedanken machen, wie ihr eine effektive Schneckenkontrolle einsetzt. Darüber hinaus gibt es auch noch Krankheiten. Allen voran ist es der Mehltau, der Probleme bereiten kann. Er tritt oft dann auf, wenn die Blätter zu nass sind und nicht abtrocknen können. Von daher achtet bitte darauf, dass immer eine gute Luftzirkulation in eurem Bestand ist. Das bedeutet: Nicht zu eng pflanzen! Folgt am besten den Herstellerangaben auf der Samentüte und erliegt nicht der Versuchung, pro Quadratmeter noch mehr als empfohlen anzubauen. Zu eng gesetzte Pflanzen sind anfälliger für Mehltau. Blattläuse sind ebenfalls Schädlinge, die auf eure Gurken gehen können und dann Krankheiten wie den Tabak-Mosaik-Virus übertragen. Solche mit Viren belasteten Blätter neigen dazu, schnell abzusterben und können nicht das an Ertrag liefern, was eine gesunde Gurke liefern könnte. Daher ist auch hier die Luftzirkulation wichtig. Falls der Läusebefall schon eingetreten ist, solltet ihr ihn sofort mit einer biologischen Schmierseifenlauge bekämpfen.

Schützt eure Gurken gut vor Schädlingen und Krankheiten!

Diese Dünger wirken am besten –organische und mineralische Dünger im Check

Der Frühling ist die Zeit, wenn es in unseren Gärten so richtig zur Sache geht und unsere kleinen Pflänzchen sich auf einmal zu großen Wachstumsmaschinen entwickeln. Damit sie ordentlich Nachschub und Brennstoff haben, benötigen sie Dünger. In diesem Kapitel erfahrt ihr jetzt, in welchen Bereichen eures Gartens ihr welche Dünger einsetzen könnt, damit es euren Pflanzen richtig gut geht und sie loslegen.

Es gibt zwei grundsätzliche Typen von Düngern: mineralischen und organischen Dünger.

MINERALISCHE DÜNGER

Mineralische Dünger enthalten überwiegend düngende Stoffe aus Salzen wie z. B. Stickstoff, Phosphor, Kalium, Magnesium, Mangan und Zink. Das sind viele Nährstoffe, die unsere Pflanzen zum gesunden Wachstum benötigen. Die Salze lösen sich in der Bodenfeuchtigkeit auf und stehen den Wurzeln unserer Pflanzen in dieser wässrigen Lösung sofort zur Verfügung. Die aufgelösten Dünger wirken wie ein Powerdrink oder ein Powerfood für unsere Pflanzen, denn die Nährstoffe sind sofort für die Pflanzen abrufbar – sie werden aber auch genauso schnell ausgewaschen.

ORGANISCHE DÜNGER

Organische Dünger bestehen klassischerweise aus organischen Materialien. Diese müssen erst einmal durch die Bodenlebewesen aufgebrochen und die Nährstoffe für unsere Pflanzen verfügbar gemacht werden. Ein ganz typischer organischer Dünger sind Hornspäne. Horn beinhaltet viel Stickstoff. Durch diesen Prozess dauert es einige Zeit, bis der Nährstoff in unsere Pflanze eingedrungen ist. Deswegen sind organische Dünger oftmals Langzeitdünger, die in der Bodenlage über viele Wochen hinweg unsere Pflanzen sukzessive mit Nährstoffen versorgen.

ORGANISCH-MINERALISCHE DÜNGER

In organisch-mineralischen Düngern sind, wie der Name schon verrät, sowohl organische als auch mineralische Komponenten enthalten. Sie funktionieren gewissermaßen wie ein Müsliriegel, der durch manche Zutaten sofort Energie liefert, aber durch andere Zutaten auch lange satt machen soll. Durch diesen Dünger werden eure Pflanzen daher sofort, aber durch den organischen Anteil auch noch nach Monaten mit Nährstoffen versorgt.

Düngen im Freiland und Gewächshaus

In meinem Gewächshaus habe ich das Erdreich für meine vielen Pflanzen erst einmal gut mit organischem Pferdemist versorgt. In der Erde kribbelt und krabbelt es vor Mikroorganismen wie Würmern und Käfern, die das organische Material ganz schnell zersetzen. Auch die warmen Temperaturen und die Dauerfeuchte im Gewächshaus helfen dabei. So habe ich einen Boden erhalten, der langfristig mit vielen Nährstoffen versorgt ist, sodass die Pflanzen hier prima durch den Sommer kommen.

Im Grunde kann man sagen, dass organischer Dünger das Bodenleben stark fördert und dass dadurch die Nährstoffe langsam und gleichmäßig abgegeben sowie sukzessive für unsere Pflanzen zur Verfügung gestellt werden.

Allerdings kann man den Boden auch mit organischen Düngern überdüngen. Gülle oder Jauche sind typische Beispiele, wo der Boden zu stark mit Stickstoff angereichert wird. Es wird Nitrat ausgewaschen, das dann im Grundwasser zu Nitrit wird, was natürlich gesundheitliche und ökologische Schäden mit sich führt.

Wenn mineralische Dünge genau dosiert nach Herstellerangaben angewendet werden, wird aber nicht viel ausgewaschen.
Bevor ihr eine Grunddüngung im Garten vornehmt, sollte am besten im Vorfeld eine Düngeanalyse von z. B. einer Landwirtschaftskammer oder einem Bodeninstitut durchgeführt werden.

Ich kann draußen im Garten auf meiner Freifläche oder auch hier im Gewächshaus, wo ich viel Bodenleben habe, organisch grunddüngen und punktuell noch einmal mineralisch nacharbeiten. Denn hier habe ich viel Bodenleben, das organisches Material zersetzt und für die Pflanzen verfügbar macht. Anders sieht es im Hochbeet aus.

Düngen im Hochbeet

Ein Hochbeet ist im Grunde genommen nichts anderes als ein großer Topf oder ein großer Container. Das durchschnittliche Hochbeet hat eine Bodenmenge von 20–30 Zentimetern, denn darunter liegt direkt das organische Füllmaterial, beispielsweise aus Geäst. Es steht mir daher nur eine eingeschränkte Menge an Bodenlebewesen zur Verfügung, die die organischen Bestandteile umsetzen können. In einem Hochbeet werden viel schneller Nährstoffe ausgewaschen als im Gemüsebeet.

Deswegen dünge ich bei einem Hochbeet gerne auch mit einem organisch-mineralischen Dünger. Durch diesen wird zum einen das Bodenleben bedient, durch den mineralischen Anteil aber auch eine schnelle Nährstoffverfügbarkeit geliefert. Ihr könnt hier sowohl feste als auch flüssige Dünger verwenden. Je organischer und lehmiger euer Boden ist und je mehr er mit Kompost angereichert ist, umso besser bleiben die Nährsalze in dem Kompost und werden nicht ausgewaschen. Daher ist es gerade hier sehr wichtig, eine sehr gute Hochbeeterde zu verwenden, die sowohl tonig wie auch organisch ist: Durch den sogenannten „Ton-Humus Komplex" werden Nährstoffe im Bodengefüge angelagert und gespeichert. Reiner Gartenlehm, aber auch reiner Kompost sind nicht ideal. Die richtige Mischung macht's.

Düngen im Pflanzkübel

Ich habe zwei Pflanzen, die mit ihrem kleinen Kübel das Extrembeispiel zum Freiland darstellen: ein Himmelsbambus und eine Lilie im Topf. Himmelsbambus bleibt für mehrere Jahre in seinem Topf und wird nur hin und wieder umgetopft. Die Lilie hingegen wird jedes Jahr neu getopft.

Beide Pflanzen versorge ich ausschließlich mit einem mineralischen Dünger. Dem Himmelsbambus gebe ich einen mineralischen Langzeit-Dünger in Flockenform, der sich in den nächsten Wochen zersetzt. Die Dünger-Flocken sind von einem Hartzmäntelchen umgeben, sodass der Dünger langsamer abgegeben wird und die Pflanze über die nächsten Wochen und Monate versorgt ist.

Die Lilie bekommt einen Flüssigdünger über das Gießwasser, wie vom Hersteller angegeben. Flüssigdünger ist wie Glukose bei den Sportlern. Es ist beides sofort verfügbar und gibt daher auch sofort Energie. Das braucht unsere schnell wachsende Pflanze, die nur einjährig ist.

Ich hoffe, ich konnte euch gut erklären welche Form von Dünger ihr am besten für Beet, Container und Freilandflächen einsetzt. Die Grundregel lautet, je größer das Volumen, umso organischer gärtnern wir, je kleiner das Volumen, umso mineralischer gärtnern wir, damit es nicht zu Fäulnis durch fehlende Bodenlebewesen kommt.

Gartencoach-Tipp

Damit eure Gartenpflanzen besser Nährstoffe aufnehmen, gebt ihnen beim Pflanzen Mykorrhiza. Durch die Symbiose mit natürlichen Pilzen vergrößert sich die Wurzeloberfläche eurer Lieblinge und die Pflanzen gedeihen besser. Gehölze sollten grundsätzlich bei der Pflanzung eine Portion Mykorrhiza bekommen.

MEIN ZIERGARTEN

DER

Altpapier im Garten einsetzen

Ich weiß nicht, wie es euch geht, aber ich bin kolossal genervt, wenn ich auf unsere Altpapiertonne schaue: Was dort für eine Flut an Kartonage, Zeitungspapier und dergleichen wegkommt! Darum möchte ich euch jetzt beschreiben, wie man Kartonagen und anderes Papier im Garten sinnvoll einsetzen kann.

Kartonagen und Zeitungspapier bestehen aus Zellulose. Zellulose ist auch der Hauptbestandteil pflanzlicher Zellwände. Eine Kartonage ist im Endeffekt also nichts anderes als eine weiterverarbeitete Pflanze. Regenwürmer und andere Bodenlebewesen lieben Zellulose – Kartonage eignet sich also hervorragend, um Regenwürmer anzulocken.

Ein neues Beet anlegen

SCHRITT 1

ALTPAPIER AUSLEGEN

Wer ein Stück alten Rasen am Rande seines Gartens hat, aus dem immer wieder Wurzelunkräuter wachsen, kann dieses mithilfe von Kartonage ganz einfach in ein Beet verwandeln. Macht euer Altpapier flach und legt den Bereich, den ihr als Beet anlegen wollt, damit aus. Achtet darauf, dass die Kartonagen möglichst unbedruckt sind, denn das kann zu Rückständen im Boden führen. Entfernt dabei auch etwaige Klebestreifen, denn ihr wollt kein Plastik im Boden haben.

Eure Kartonschicht sieht am Anfang noch etwas chaotisch aus. Das Altpapier ist aber nichts anderes als eine Schicht aus abbaubarem Mulch, die Regenwürmer und andere Bodenlebewesen anlockt. Diese kommen aus dem Erdreich und zersetzen eure Pappe.

WAS IHR BENÖTIGT:

- Altpapier (unbedruckt, ohne Plastik)
- Schnittgut (Äste, Rasenschnitt, Laub, o. Ä.)
- Mulchmaterial (z. B. angerotteter Kompost)
- langsam verrottendes Laub
- 2–4 Baumstämme / dicke Äste

SCHRITT 2

SCHICHTEN

Das regelmäßig anfallende Schnittgut von Rasen und Hecke im Garten eignet sich sehr gut für eine Flächenkompostierung. Legt dazu euer grob zerkleinertes Schnittgut, also Heckenabfälle, Rasenschnitt, Laub und Ähnliches in einer schönen dicken Schicht auf eure ausgelegten Pappkartons, bis sie nicht mehr zu sehen sind. Über die nächsten Monate hinweg wird dann an dieser Stelle aktives Bodenleben entstehen.

SCHRITT 3

MULCHEN

Als Nächstes kommt ganz oben noch eine Lage Mulchkompost auf euer Schnittgut, das kann herkömmlicher Rindenmulch sein, es eignet sich aber auch fein zerkleinertes, angerottetes Pflanzenmaterial aus eurem Kompost.
Zu guter Letzt bedecke ich mein zukünftiges Beet noch mit einer Schicht aus langsam verrottendem Laub, wie z. B. Eichen- oder Ahornlaub. Wenn ihr das Laub noch etwas mit Rasenschnitt vermischen könnt, ist es ideal. Das ist eine besonders heilende Mischung, die sehr schnell heiß wird – ideal für den Boden!

SCHRITT 4

BEET EINGRENZEN

Damit unser Beet jetzt noch etwas Struktur bekommt, kann man es je nach Lage mit zwei bis vier Baumstämmen oder dicken Ästen begrenzen. Hat man selbst keine zur Hand, kann man bei Nachbarn oder Bekannten anfragen.

Jetzt seid ihr fertig und könnt dabei zuschauen, wie die Bodenlebewesen alles zu einem fruchtbaren Beet zersetzen. In den folgenden Wochen solltet ihr immer wieder Laub, Rasenschnitt und Ähnliches auf das neue Beet geben und Mutter Natur erledigt den Rest. Bald werden wir an dieser Stelle wunderbare Pflanzerde gewonnen haben!

So einfach haben wir mit recycelten Materialien, die sonst im Müll gelandet wären, ein neues Pflanzbeet angelegt, und das noch in einer Rekordzeit! Und sogar die Pappe in unserer Altpapiertonne sind wir losgeworden und haben sie sinnvoll eingesetzt. Denn die Pappe unterdrückt Wurzelunkräuter und bildet die Grundlage für ein reiches Bodenleben.

Gartencoach-Tipp

Wickelt eure Küchenabfälle, z. B. Kartoffelschalen, in normales Tageszeitungspapier. Legt dieses Bündel dann auf euren Komposthaufen und bedeckt es. Nach wenigen Tagen werdet ihr verblüfft sein, wo die ganzen Würmer hergekommen sind.

DER
GARTENCOACH

Staudenbeete – das Herzstück des blühenden Gartens

Staudenrabatten können ein Juwel in eurem Garten sein. Doch beim Anlegen eines Staudenbeets haben wir bei der Auswahl der Pflanzen oft die Qual der Wahl. Hier erfahrt ihr, mit welchen Hilfsmitteln ihr das perfekte Staudenbeet schaffen könnt.

WAS SIND STAUDEN EIGENTLICH?
Die Pflanzen in unserem Garten gehören zu einer Vielzahl verschiedener Kategorien. Dabei ist die Kategorie der Stauden besonders dankbar für uns Gärtner. Stauden überdauern nämlich mehrere Jahre und blühen und fruchten in jedem Jahr erneut. Sie treiben im Sommer aus, blühen und bilden Samen. Anschließend ziehen sie sich im Herbst wieder in ein unterirdisches Speicherorgan (Wurzel, Wurzelstock oder Zwiebel) zurück, um dann im folgenden Frühling wieder auszutreiben. Somit haben wir es bei Stauden mit mehrjährigen Pflanzen zu tun, die uns immer wieder im Garten beglücken und an denen wir lange Freude haben.

Dabei ist die schiere Vielfalt der unter diese Kategorie fallenden Pflanzen überwältigend:

Zu den Stauden gehören Gräser, Gemüsesorten, Farne, Heilpflanzen, aber auch unheimlich viele bekannte und beliebte Blütenpflanzen wie Lilien, Anemonen, Phlox und Rittersporn. Je nachdem, welche Umgebung und Erde sie gut vertragen, unterscheidet man auch noch zwischen Standortkategorien, so zum Beispiel zwischen Freiflächenstauden, Steingartenstauden oder Gehölzrandstauden.

Meine Lieblingsstauden

Die **Funkien** (botanischer Name: Hosta) habe ich zu meinen absoluten Lieblingspflanzen erkoren! Diese kleinen Gewächse aus der Familie der Agaven gehören zu den Stauden, sind also mehrjährig und pflegeleicht. Man nennt sie auch Herzblattlilien. Sie mögen einen Boden, der feucht, sandig-lehmig und humusreich sein sollte. Dann beschenken sie uns mit einem wunderschönen Anblick und blühen zum Beispiel in weiß oder lila. Außerdem können wir natürlich ihre Blätter bewundern, die sich durch ihre Herzform auszeichnen.

Schneeglöckchen (botanischer Name: Galanthus) sind wunderschöne Frühlingsboten und gehören zu den ersten Pflänzchen, die uns im Gartenjahr entgegenstrahlen. Ich finde, mehrjährige Frühlingsblüher dürfen in keinem Staudengarten fehlen! Sie zieren den noch winterlichen Garten mit ihrer weißen Blütenpracht. Wusstet ihr, dass laufend neue Schneeglöckchen-Sorten entstehen? Bei der Bestäubung durch Insekten kommt es zu natürlichen Kreuzungen, sodass z. B. Blüten mit grünen Tupfern entstehen. Die Zwiebeln solch toller Schneeglöckchen kann man mitunter für bares Geld an Liebhaber verkaufen! Bei Ebay wurden bei einer Versteigerung bis zu 1700 Euro für Schneeglöckchen-Zwiebeln mit goldgelbem Fruchtknoten ausgegeben.

Tatsächlich sind auch die **Farne** Staudengewächse und zählen ebenfalls zu meinen Lieblingspflanzen! Farn (botanischer Name: Filicinophyta) gehört zu den ältesten Pflanzen der Erde. Er existiert seit rund 350 Millionen Jahren und ist also eine wahre Urzeitpflanze. Er schafft eine verwunschene, zauberhafte Waldatmosphäre und kommt auch gut als Krautschicht im Schatten höherer Stauden klar. Ihr solltet wissen, dass Farne leicht bis stark giftig sind – nur Zimt- und Straußenfarne sind alte Heilpflanzen.

DIE RICHTIGE PLANUNG

Ihr seid bei der Planung eines Staudenbeets, fühlt euch aber angesichts der großen Auswahl überfordert? Scheut euch nicht, euch fachmännische Hilfe zu holen. Zahlreiche Gartencenter und gerade auch online vertretene Gärtnereien bieten euch ein fantastisches Staudenwissen und gartenplanerische Erfahrung. Bei einigen ist es sogar möglich, eure Anforderungen, Wunschfarben und Standortwünsche anzugeben. Auf dieser Basis bieten solche Gärtnereien dann eine große Menge an fertig geplanten Beet-Ideen oder haben zusammengestellte „Staudenpakete" im Sortiment.

Ich habe mich bei einer Staudengärtnerei beraten lassen. Dort kann man verschiedene Beet-Arrangements planen und bis hin zur Farbauswahl und den Größennuancen fertig vorbereiten lassen. Angebote dieser Art sind wirklich ideal für Hobbygärtner, die nicht über die Zeit verfügen, sich tiefergehend mit Stauden zu beschäftigen.

Ihr solltet euch im Vorfeld in jedem Fall fragen:

- An welchen Standort möchte ich mein Staudenbeet pflanzen? Ist es dort sonnig, halbschattig oder schattig?
- Welche Farben und Größen mag ich?
- Welchen Stil bevorzuge ich? Mediterran oder doch eher romantisch-verspielt?

Wenn ich mir über diese Punkte im Klaren bin, kann ich mich direkt viel besser beraten lassen.

DER PFLANZPLAN

Wenn ihr den Standort für euer Beet vorbereitet habt, könnt ihr euch an die weitere Planung machen. Im besten Fall hat die Staudengärtnerei, bei der ihr euch beraten lassen habt, euch einen Pflanzplan mitgegeben. Auf dem seht ihr euer Beet von oben. Die Plätze für die einzelnen Pflanzen sind durch Kreise markiert.

Gartencoach-Tipp

Die Verführung ist groß, sich von Bildern der Hochglanzmagazine zu anspruchsvollen Stauden verleiten zu lassen. Fangt simpel an und beobachtet, was in den Gärten eurer Nachbarschaft gut gedeiht. Ihr braucht zunächst keinen Exotengarten - euer Gartencenter berät euch, was für Einsteiger gut funktioniert und welche Stauden für den fortgeschrittenen Pflanzenfreak gedacht sind.

Mein neues Wildbienen-Beet

WAS IHR BENÖTIGT:

- Staudenpflanzen, selbst gewählt oder Sortiment-Vorschlag aus der Gärtnerei
- Holzstäbe
- Sand

Werkzeug:

- Maßband
- Kleine Holzpfähle / Stöcke
- Gartenschaufel
- Rechen
- Gartenschlauch oder Gießkanne

In meinem Fall möchte ich eine Staudenrabatte pflanzen, die als Futterquelle für meine Honigbienen und auch für Wildbienen dienen soll. Der Standort ist sehr trocken und sonnig. Bei der Auswahl der Pflanzen hat mir meine Staudengärtnerei sehr geholfen. Und von ihr habe ich auch einen Pflanzplan erhalten, der nach dem Prinzip „Pflanzen nach Zahlen" funktioniert.

Als Erstes grabe ich die Erde am geplanten Standort um. Dann unterteile ich mein 3 m x 1,50 m großes Beet in die im Plan geforderten sechs Quadranten von je drei Plätzen à 1 m x 1 m im oberen und drei Plätzen à ½ m x 1 m im unteren Bereich. Diese Bereiche messe ich mit dem Maßband aus, stecke sie mit Holzpfählen ab und markiere sie mit Sand, damit ich sie beim Einpflanzen gut wiedererkenne. Sobald ich mein Beet in diese Quadranten eingeteilt habe, folgt als nächster Schritt das Platzieren der Pflanzen. Geliefert wurden mir 17 Stauden, eine Rose und ein Schmetterlingsflieder. Jede Pflanze hat eine Nummer. Ich suche mir die jeweilige Nummer und stelle die Pflanze an ihren vorgesehenen Platz in den jeweiligen Quadranten hinein.

Um die Nummer ist auf dem Plan jeweils ein Kreis gezogen, wobei die Größe der Kreise anzeigt, wie groß der Umfang der ausgewachsenen Pflanze später in etwa sein wird. Da gibt es natürlich erhebliche Unterschiede. Oftmals sind Pflanzen sehr klein, wenn wir sie aus dem Gartencenter bekommen – da können wir uns gar nicht vorstellen, damit jemals ein großes Beet füllen zu können. Aber man darf sich nicht täuschen: Bestimmte Pflanzen, wie zum Beispiel Katzenminze, mögen zunächst klein und mickrig aussehen, nehmen aber schon in wenigen Monaten einen halben Quadratmeter Platz für sich ein und drücken alles um sich herum weg. Daher ist es wichtig, die angegebenen Pflanzabstände zu berücksichtigen.
Jetzt geht es ans Einsetzen. Dazu grabe ich pro Pflanze ein Pflanz-

loch mit einer Gartenschaufel, etwas tiefer als der Topf, in dem sie geliefert wurde. Wenn die Ballen der Stauden zu fest durchwurzelt sind, kann man sie leicht aufrauen, dann wachsen sie schneller in ihr neues „Zuhause“, das umgebende Erdreich, ein. Sobald ich all meine Stauden an ihren Platz gesetzt habe, kann ich mit dem Rechen meine Hilfslinien aus Sand entfernen und einfach ins Erdreich verteilen. Auf diese Weise macht das Anlegen eines Staudenbeets unglaublichen Spaß!

Zum Schluss muss ich meine neu gepflanzten Stauden noch ordentlich mit meiner Gießkanne oder dem Gartenschlauch angießen – dann kann ich mich an meinem Beet erfreuen.

Gartencoach-Tipp

Die bekannte englische Gartengestalterin Gertrude Jekyll (1843-1932) hatte als ausgebildete Malerin erstmals das Prinzip der Komplementärfarben von der Leinwand auf die Staudenrabatte übertragen. Lasst euch von ihr inspirieren und pflanzt nach Blütenfarben, die zueinander passen! Setzt also z. B. lilablauen Rittersporn zu gelbem Sonnenhut.

Wildblumenwiese mit dem richtigen Untergrund anlegen

Wildblumenwiesen sind momentan total im Trend. Sie sind eine Wohltat fürs Auge, aber mit ihrer Vielfalt an Blüten auch eine Futterquelle für Wildbienen und andere Insekten, die sie heutzutage dringender brauchen denn je. Egal, ob ihr einen großen oder einen kleinen Garten habt, beim Anlegen einer Wildblumenwiese liegt der Schlüssel zum Erfolg in der Bodenvorbereitung.

WAS IHR BENÖTIGT:

- Wasser
- Spielsand oder ungewaschenen Bausand: 25 kg pro m^2 Boden
- Blumenzwiebeln eurer Wahl
- Saatgutmischung eurer Wahl für Blumenwiesen
- Rinanthus-Samen (Klappertopf)
- Rotklee-Samen, optional
- Vlies zum Abdecken
- Kleine Holzpflöcke zum Befestigen

Werkzeug:

- Blumenzwiebelpflanzer
- Halbmondrasenstecher
- Holsteiner Schaufel
- Gartenschlauch oder Gießkanne
- Rasenschälmaschine, optional, kann ausgeliehen werden
- Bodenfräse, kann ausgeliehen werden
- Grabegabel
- Hacke
- Rechen
- Eimer

FLÄCHE AUSWÄHLEN UND BODEN BEGUTACHTEN

Als Erstes schaue ich mich also in meinem Garten um und wähle die richtige Fläche aus. Habe ich ein grasbewachsenes Areal, überprüfe ich das Gras dort auf Zeigerpflanzen, die auf einen hohen Nährstoffgehalt im Boden hindeuten. Dazu zählen zum Beispiel Pflanzen wie Löwenzahn oder der Hahnenfuß (Ranunculus), auch Butterblume genannt, mit ihren schönen gelben Blüten und ihrem dreilappigen Blatt. Beide kommen typischerweise auf schweren Böden vor, die viele Nährstoffe enthalten und vor allen Dingen sehr reich an Stickstoff sind. Ihr könnt euch den

Boden einmal genau ansehen: Dazu nehmt ihr einen ganz normalen Blumenzwiebelpflanzer und zieht eine kleine Bodenprobe heraus. So erkennt ihr, ob die Erde lehmig und schwer ist. Das ist kontraproduktiv für eine Wildblumenwiese, auf der sich eine große Diversität an Pflanzen langfristig halten soll, denn für diese brauche ich eine nährstoffarme Erde. Gut ist zum Beispiel Erde aus einem Gemüsegarten, die seit Jahren mit viel organischem Material, Sand und grobem Splitt bearbeitet wurde, sodass der Boden locker ist.

FÜR NÄHRSTOFFARMEN BODEN SORGEN

Wollen wir also eine Wildblumenwiese anlegen, müssen wir zunächst möglichst viel an Nährstoffen abtragen. Wie gehen wir dabei vor?

1. Als Erstes tragen wir das organische Material ab, d. h. wir entfernen Laub und Rasennarbe. Das ist aufwendig, aber leider unumgänglich, wenn wir den Boden abmagern wollen.

2. Sobald geklärt ist, wo mein Blumenbeet endet und ab wo die Rasennarbe stehenbleiben soll, stechen wir nun die Konturen aus. Am einfachsten geht das mit einem normalen Halbmondrasenstecher.

3. Sind die Konturen gestochen, kann es mit der Entfernung der Rasennarbe losgehen. Dazu eignet sich eine Holsteiner Schaufel. Dann kann man die Rasensoden abnehmen. Die könnt ihr übrigens einfach umgedreht auf den Kompost geben, so erhält man im folgenden Jahr eine wunderbare Rasensodenerde. Auf keinen Fall wegwerfen, das ist des Gärtners Platin!

4. Die Arbeit ist schweißtreibend, aber ihr werdet sehen, es lohnt sich. Wenn die Rasensode im Sommer sehr trocken ist, empfiehlt es sich, das Ganze noch einmal gut zu wässern, damit das Entfernen leichter wird. Man kann auch zunächst den nächsten Regen abwarten, der den Boden aufweicht.

5. Ist die Fläche größer, könnt ihr euch auch beim Gerätehändler eine Rasenschälmaschine ausleihen. Die macht die Arbeit wirklich viel, viel leichter. Man kann auch größeres Geschütz auffahren und sich eine Bodenfräse leihen. Sie sollte mindestens sechs PS stark sein, um bewachsenen Boden bearbeiten zu können. Alles, was kleiner ist, wird damit nicht zurechtkommen. Mit einer Bodenfräse gehe ich zunächst einmal durch den Boden und lockere ihn auf.

6. Als nächster Schritt folgt das weitere Abmagern des Bodens durch das Einarbeiten von Sand, damit der Boden nährstoffärmer wird. Wenn ihr eine kleine Fläche habt und fit seid, könnt ihr das mit einer Grabegabel machen und die Erde danach mit einer Hacke auflockern. Das ist auch eine schöne Aufgabe für mehrere Leute, wenn ihr Hilfe von Familie oder Freunden habt.

Idealerweise solltet ihr das gesamte nährstoffreiche Erdmaterial komplett entfernen und durch nährstoffarmes Bodengut ersetzen. Dieses könnt ihr bei einem Substrathändler beziehen. Wenn ihr euer eigenes Erdmaterial verwenden möchtet, könnt ihr dem Boden auch durch die Zugabe von Sand seine Nährstoffe entziehen. Dazu nehmt ihr ganz normalen Spielsand aus dem Baumarkt. Ihr könnt auch ungewaschenen Bausand verwenden, den ihr beim Baustoffhändler bekommt. Achtet dabei darauf, dass dieser kein Herbizid beinhaltet, was bei Verfugungssand oftmals der Fall ist. Pro Quadratmeter Boden sollte man einen Sack Sand à 25 Kilogramm einarbeiten. Anschließend fräst ihr den Boden noch einmal durch. Das mag viel erscheinen, aber je sandiger euer Boden ist, um so nährstoffarmer. Je weniger Nährstoffe drin sind, umso vielseitiger die Wiese.

KONTUREN FESTLEGEN, EINEBNEN UND VERDICHTEN

Nun geht es daran, die Konturen eurer Wildblumenwiese klar festzulegen. Dazu solltet ihr die Ränder mit dem Rechen noch einmal nachkehren, damit ihr genau wisst, wo euer Beet anfängt und aufhört. Anschließend könnt ihr die Erde mit dem Rechen einebnen. Als Nächstes kommt – wir bleiben sportlich – das Verdichten unseres Saatbeets. Und das macht ihr am besten mit euren Fußhacken. Ihr habt euch nicht verlesen: In England bezeichnet man diese Arbeit übrigens auch als das Heeling, vom englischen „heel“ für Absatz. Dabei lauft ihr auf den Fußhacken durch das Sandbett, um es zu egalisieren und zu verfestigen. Anschließend entfernt ihr mit dem Rechen die Trittspuren. So bekommt ihr eine schöne Erdkrume obenauf, um dann gleich mit der weiteren Bepflanzung loslegen zu können. Auf diese Weise ist die ganze Fläche wunderbar rückverdichtet.

Voilà, damit habt ihr die härteste Arbeit geschafft: Vor euch liegt nun ein Saatbeet aus nährstoffarmer Erde, die durchlockert und rückverdichtet wurde sowie arm ist an organischem Material – perfekt für die Wildblumenwiese!

Zeit zum Einpflanzen

BLUMENZWIEBELN

An Blumenzwiebeln könnt ihr wählen, was euer Herz begehrt! Krokus, Schneeglöckchen, Tulpen, Sternbergien, die ihr vielleicht auch als Herbst-Goldbecher kennt – sie alle pflanzt ihr als Blumenzwiebeln ein. Für mein Beet habe ich 100 blaue und weiße Kamassien ausgewählt. Sie blühen im Mai, werden ca. 40 bis 50 cm hoch und sind wahre Bienenmagnete. Ihr könnt die Blumenzwiebeln über euer Beet verteilen, indem ihr sie auswerft und dann dort, wo sie hingefallen sind, in die Erde drückt. Denkt daran: Das spitze Ende muss nach oben, die Wurzeln nach unten zeigen. Praktisch beim Einpflanzen von Blumenzwiebeln ist ein Zwiebelpflanzer, den ihr einfach in den Boden drückt und so perfekte Pflanzlöcher erhaltet.

SAATGUT

Die Auswahl an Saatgutmischungen für Blühwiesen ist phänomenal groß und wer die Wahl hat, hat die Qual. Um euch bei eurer Entscheidung zu helfen, hier einige Gruppen von Saatgut, die im Gartencenter verfügbar sind:

- **Spezialmischungen für Wildbienen:** Diese sind speziell auf die Bedürfnisse von Hautflüglern, Mauerbienen, Sandbienen und allen möglichen anderen Wildbienen abgestimmt. Spezielle Wildbienen brauchen spezielle Pflanzen, die in solch einer Mischung enthalten sind.

- **Mischungen mit dem primären Ziel einer ansprechenden Optik:** Mischungen dieser Art bieten eine Vielfalt an prächtigen, bunten Blütenpflanzen. Darin enthalten sind viele exotische Pflanzen, die nicht in erster Linie für Wildbienen geeignet sind, die aber über das ganze Jahr einen wunderbaren Blütenflor für das Auge bieten. Für Insekten sind diese Mischungen eher nicht interessant, aber für die Optik kaum zu überbieten.

- **Mischungen für Honigbienen:** Möchtet ihr etwas für Honigbienen tun, bieten sich diese Mischungen an. Eine traditionelle Mischung ist in diesem Fall z. B. die Veitshöchheimer Mischung „Bienenweide". Diese blüht besonders in der trachtarmen Zeit von August bis September und ist damit für Honigbienen und Imker von großem Interesse.

HEMMNIS GRAS

Egal, für welche Mischung ihr euch entscheidet: Gras stellt bei allen Blumenwiesen ein großes Hemmnis dar, da es mit den anderen Pflanzen konkurriert. Deswegen empfehle ich euch dringend, zusätzlich den sogenannten Klappertopf einzusäen, da dieser gegen Graspflanzen als Parasit wirkt und die Grasausbreitung unterdrückt. Klappertöpfe, botanisch Rinanthus genannt, gibt es in verschiedenen Arten. Geeignet für eure Blumenwiese sind sowohl der Große als auch der Kleine Klappertopf. Samen dafür findet ihr im Saatgutfachhandel. Dabei solltet ihr jedoch darauf achten, dass es Samen aus dem jetzigen Jahr sind, da diese sich nur eignen, wenn sie frisch ausgesät werden. Da der Rinanthus eine Kälteperiode benötigt, solltet ihr ihn im Herbst aussäen. Auf diese Weise kann er im Winter keimen, um dann im folgenden Jahr die zu große Ausbreitung von Gras zu verhindern.

Samen säen

MENGE UND VERTEILUNG

Um die Samen, die ich ausbringen möchte, gleichmäßig zu verteilen, gebe ich sie in einen Eimer mit Sand. Damit ihr für eure Beet- bzw. Wiesengröße die richtige Menge Saatgut verwendet, werft ihr am besten vorher einen Blick auf die Packung. Der Hersteller gibt an, für welche Flächengröße das Saatgut geeignet ist. Bei meinem Beet hatte ich eine Fläche von 9 m² abzudecken, also habe ich genug Blütensamen und Klappertopfsamen für diese Größe genommen. Was ihr auch noch hinzufügen könnt, ist Rotklee, da er eine wunderbare Trachtpflanze für Honigbienen ist. Alle Samen mischt ihr gut mit dem Sand und bringt das Ganze dann breitwürfig auf eurer Beetfläche aus. Nach dem Aussäen werden die Samen noch eingeharkt und gewalzt, damit Samen und Boden gut miteinander verbunden sind. Wässert euer Saatbeet gut an, nur so können die Samen keimen.

VORSICHT VÖGEL!

Nicht nur wir erfreuen uns an einer Wildblumenwiese: Sobald die Vögel eurer Nachbarschaft herausgefunden haben, dass es hier wunderbare Samen zu picken gibt, werden sie sofort anrücken und im schlimmsten Fall bleibt nach kürzester Zeit von euren Samen nichts mehr übrig. Deswegen ist es ganz wichtig, dass ihr euer Saatbeet mit einem Vlies abdeckt. Dieses solltet ihr für ca. drei Wochen auf dem Saatbeet liegenlassen. Damit es nicht weggeweht wird, befestigt ihr es ringsum mit kleinen Holzpflöcken im Boden. Zwischendurch dürft ihr natürlich gerne nachsehen, ob die Samen schon gekeimt sind. Ein solches Vlies ist wasserdurchlässig, trotzdem muss euer Beet nach wie vor regelmäßig gegossen werden, da die Samen stets viel Feuchtigkeit benötigen.

WANN IST DIE BESTE ZEIT?

Die beste Zeit zum Anlegen einer Blumenwiese ist der Herbst, besonders in den Monaten September und Oktober, wenn der Boden noch warm ist. Dieser Zeitpunkt hat den Vorteil, dass die Samen, die Kälte benötigen, um ihren Keimreiz auszulösen, diese über den Winter bekommen.

Gartencoach-Tipp

Gladiolen kennen wir als Schnittblume aus dem Bauerngarten. Die meisten Gladiolen sind in Südafrika heimisch, aber einige kommen auch in Deutschland vor. In meiner Blumenwiese habe ich Gladiolen ausgeworfen und dort, wo sie gelandet sind, eingepflanzt. Ich setze die Gadiolenzwiebeln eher etwas tiefer, da sie aufgrund ihrer Länge kopflastig sind und etwas mehr Halt benötigen.

Pampasgras & Co. – Ideen zur Gartengestaltung mit Gräsern

Gräser haben ihren großen Auftritt in Herbst und Winter und schaffen tolle Effekte, selbst in einer ansonsten langweiligen Gartenzone. Hier erfahrt ihr, wie man diese gezielt einsetzen kann.

Seit Kurzem habe ich einen neuen Spleen: Ich bin verliebt in Gräser! Was es da alles für Sorten gibt: Pampasgras, Rutenhirse, Chinaschilf und noch viele mehr. So filigran und leicht sie wirken, so robust und pflegeleicht sind sie doch. Momentan sind Solitärgräser unheimlich in Mode und können eine echte Inspiration für den Garten sein.
Je nach Jahreszeit variiert der Garten. Das kennen wir alle: Areale, die im Frühjahr durch Frühlingsblüher wie Tulpen, Osterglocken, Krokusse und Schneeglöckchen zum prächtigen Hingucker werden, können im Herbst und Winter flach und brach aussehen. Mit der großen Menge an Gräsern und Solitärgräsern, die es neuerdings gibt, kann man diese langweilige Fläche allerdings betont akzentuieren.

Welche Sorte ist für mich geeignet?

ELEFANTENGRAS

Zunächst muss ich mich entscheiden, welche Größe ich bei meinen Gräsern haben möchte. Wünsche ich mir, dass der Wind durch richtig große Grashalme streift? Dann ist zum Beispiel das Elefantengras genau das Richtige. Es wird bis zu 2 Meter groß und sieht wirklich prächtig aus.

HERBSTFREUDE

Für ein mittelgroßes Gras, das mich mit wunderschönen, fluffigen Pinseln an den Zweigspitzen erfreut, eignet sich das Rispengras Pennisetum gut. Vielleicht kennt ihr dieses auch unter seinem schönen altdeutschen Namen „Herbstfreude". Karl Förster, ein be-

Gut zu wissen!

Es ist relativ häufig, dass Gräser- und Staudensorten nach bekannten Züchtern benannt werden. So gibt es zum Beispiel auch den Miscanthus sinensis „Pagels", benannt nach dem norddeutschen Staudengärtner Ernst Pagel.

kannter Gärtner aus Potsdam, hat es gezüchtet, ebenso wie das 1,50 m große Garten-Reitgras „Karl Foerster" bzw. Calamagrostis acutiflora.

PAMPASGRAS

Ein Klassiker unter den Gräsern ist das Pampasgras Cortaderia. Von diesem gibt es mehrere Sorten. Die Cortaderia selloana zeichnet sich durch ihre weißen Pinsel aus, während Cortaderia ricardii mit ihren bronzefarbenen Pinseln bezaubert. Beide sind absolute Hingucker und können durch ihre Größe auch gut als Blickschutz dienen.

SAUERGRAS

Große, kleine, mittelgroße – die Vielfalt bei Gräsern ist überwältigend. Und neben den vielen Süßgräsern gibt es noch eine grasähnliche Pflanzengruppe, die Sauergräser. Darunter fallen zum Beispiel die Carexe, auch Seggen genannt, von denen es mehr als 2000 Arten gibt. Charakteristisch für sie sind ihre dreikantigen Stängel.
Einen Hingucker für den Garten stellt hier zum Beispiel der Carex „Bowles Golden" dar, botanisch Carex elata aurea, gezüchtet von dem britischen Gärtner Edward Augustus Bowles. Dieser Carex besticht durch seine kräftig gelbgrüne Färbung, die ihn richtiggehend glühen lässt, wenn er in der Herbstsonne steht.

Gartencoach-Tipp

Pampasgras wird nicht zurückgeschnitten, sondern nur ausgeputzt. Abgestorbene Blätter werden herausgezogen und durchgekämmt. Zieht euch für diese Arbeit unbedingt Lederhandschuhe an, denn die Blattspreiten sind gezähnt wie eine Säge und ihr wollt euch ja nicht daran schneiden.

Wie integriere ich Gräser in meine Bepflanzung?

SCHRITT 1

DEN RICHTIGEN PLATZ FINDEN

Schaut euch euren Garten aus allen Perspektiven an. Nehmt euch Zeit dabei und hetzt euch nicht, es macht tatsächlich richtig Spaß, den passenden Standort für eure Pflanzen zu finden. Ihr solltet bei der Platzwahl bedenken, wie eure Gräser am besten zur Geltung kommen könnten: Die größer wachsenden Solitärgräser stehen am besten für sich, während die kleineren in einer Gruppe besonders schön wirken können. Schaut auch genau hin, wie die Farben eurer Gräser am besten ihre Wirkung entfalten: So besticht das Chinaschilf Strictus (Miscanthus sinensis) mit seinen „Tigerstreifen", die Rutenhirse je nach Sorte mit bläulichen oder rötlich-braunen Spitzen.

SCHRITT 2

PFLANZLOCH AUSHEBEN

Ist das geschafft, hebt ihr ein Pflanzloch für die Gräser aus. Es sollte doppelt so groß wie der Wurzelballen sein. Dann setzt ihr die Graspflanzen ein, drückt die Erde rundherum fest und gießt sie gut an. Das ist sehr wichtig, denn Gräser benötigen viel Wasser.

SCHRITT 3

VOR FROST SCHÜTZEN

Es kann sinnvoll sein, Gräser bereits im Frühjahr einzupflanzen, sodass sie sich bis zum Winter gut in der Erde verwurzeln können. Einige Grassorten benötigen einen Schutz vor dem Frost. So sollte zum Beispiel Pampasgras im Winter zusammengebunden werden. So wird das Pflanzeninnere vor Kälte geschützt. Pflanzt ihr eure Gräser im Herbst, so ist es eine gute Idee, den Boden um die Pflanze mit Laub oder Tannenzweigen zu polstern, das lässt weniger Frost durch.

SCHRITT 4

ZURÜCKSCHNEIDEN

Habe ich meine Gräser im Herbst eingesetzt, so muss ich sie erst im Jahr danach, im März, zum ersten Mal zurückschneiden. Optisch ist das dann aber nicht schlimm für den Garten, denn um diese Jahreszeit haben andere Pflanzen, besonders Frühlingsblüher wie Tulpen, Osterglocken und viele mehr, ihren großen Auftritt. Doch bis dahin geben mir meine Gräser den ganzen Herbst und Winter über Struktur für den Garten. Und gerade bedeckt mit Raureif und Frost bieten sie mir einen wunderschönen Anblick!

Rosen pflanzen leicht gemacht!

Tipps fürs Schneiden, Düngen & Wässern

Wenn man sich mit Rosen beschäftigt, merkt man bald, dass das eine Wissenschaft für sich ist. Rosengewächse werden schon seit der Antike von den Menschen geschätzt und kultiviert. Seit dem Mittelalter kommen sie sogar als Heilpflanzen zum Einsatz. Man begegnet tausenden von Sorten, Typen und Formen: in zahllosen Farbnuancen von weiß über rosa und rot bis zu lila. Ihre Blüten können gefüllt oder ungefüllt sein. Und erst ihr Duft – wobei leider nicht alle Rosensorten tatsächlich duften. Was auch variiert: wie häufig im Jahr eine Rose blüht. Ihr seht, wer Rosen pflanzen will, steht vor einer Menge Kriterien. Die Allermeisten von uns haben es wahrscheinlich mit Strauchrosen zu tun, wenn sie sich im Garten ans Rosenpflanzen machen. Wie man solch eine Strauchrose pflanzt, das hängt davon ab, in welcher Form sie bei uns eintrifft. Es gibt zum einen Rosen, die das ganze Jahr über verfügbar sind. Man kauft sie in einem Blumentopf, mit Erde am Ballen, und so können wir sie das ganze Jahr hindurch pflanzen. In anderen Fällen werden Rosen wurzelnackt, also ohne viel Erde an den Wurzeln, von Baumschulen verschickt. Das ist zumeist während der Herbst- und Wintermonate der Fall. Damit die Wurzeln keinen Schaden nehmen, müssen sie feuchtgehalten und sofort eingepflanzt werden.

ROSE PFLANZEN

Rosen werden nahezu nie direkt auf ihren eigenen Wurzeln geliefert, sondern kommen stets mit einer Veredelung. Diese Veredelungsstelle liegt zwischen

WAS IHR BENÖTIGT:

- Rosenpflanze
- Mykorrhiza, z. B. Mykorrhiza-Pilze von SYMPLANTA o. ä.
- Vliestuch oder -haube für den Winter
- Organischer Dünger für den Frühling

Werkzeuge:

- Gartenhandschuhe
- Gartenschere
- Spaten

Gartencoach-Tipp

Um Rosen zu kultivieren, braucht ihr keinen Garten – ein Balkon oder eine Terrasse tun es auch. Ich habe mal einen sehr beeindruckenden Rosengarten besucht – zwischen zwei Dächern in luftiger Höhe über der Altstadt von Bonn. Jede Rose war in einem 15-Liter-Topf. Die Rosen sahen klasse aus! Traut euch ruhig, es mit Rosen zu probieren.

Wurzeln und Stängeln. Wenn ich mich ans Pflanzen mache, muss das Pflanzloch für die Rose so tief sein, dass nicht nur die Wurzeln gut im Erdreich stecken, sondern dass auch der Veredelungsbereich 2 bis 5 cm unter der Erdoberfläche liegt und nur noch die Triebe oben herausschauen.

SCHRITT 1

ROSE HERRICHTEN

Pflanze ich eine Rose, die in einem Container oder Blumentopf kommt, gelten die gleichen Prinzipien. Bevor ich aber eine Rose einpflanze, die schon eine ganze Zeit lang in einem Container war, sollte ich sie mir erst noch genau anschauen und gegebenenfalls noch ein wenig herrichten und putzen:

- Hat sie tote Äste, schneide ich diese mit der Gartenschere ab.
- Merke ich, dass sich einige Äste beim Wachsen gegenseitig in die Quere kommen werden und jetzt schon über Kreuz wachsen, kappe ich auch diese, denn hier ergeben sich sonst Reibungsstellen im Wuchs.
- Ebenso kommt alles weg, was nach innen wächst. In diesem Fall schneide ich an der Blattachse alles ab, was mit einem nach innen gerichteten Auge wächst. Behalten möchte ich alles, was nach außen wächst, denn so bekomme ich nachher einen offenen, nicht zu verästelten Rosenbusch.
- Winzig kleine Triebe, bei denen ich merke, dass sie sich lange nicht nennenswert weiterentwickeln, schneide ich weg.

So wird aus einem Durcheinander an Ästen eine offene Rose, durch die Luft ziehen kann. Dadurch haben Pilzerkrankungen es schwerer. Auf diese Weise können wir dafür sorgen, dass es den Rosenpflanzen von vornherein besser geht.

SCHRITT 2

PFLANZLOCH AUSHEBEN

Nun kann ich auch schon eine passende Stelle für meine Rose aussuchen. Mit dem Spaten hebe ich ein Pflanzloch aus, das anderthalbmal so groß werden sollte wie der Container, in dem die Rose geliefert wurde. Ist das Pflanzloch tief genug, kann die Rose eingesetzt werden. Dazu nehme ich sie ganz vorsichtig aus ihrem Container heraus. Mit den Händen lockere ich den Wurzelballen rundherum ein bisschen auf. So haben es die Wurzeln nachher leichter, ins Erdreich hineinzuwachsen.

SCHRITT 3

WURZELBALLEN EINPUDERN

Rosen sind Waldpflanzen und als solche leben sie immer in Symbiose mit Pilzen. In einem guten Waldboden haben wir auch immer eine gute Pilzflora, die den Rosen und anderen Pflanzen hilft, Nährstoffe und Wasser zu beziehen. Um meiner Rose ein wenig Starthilfe zu geben, pudere ich daher ihren Wurzelballen mit Mykorrhiza-Pilz-Konzentrat ein. Dieses Konzentrat ist im Fachhandel für verschiedene Pflanzen erhältlich, z. B. für Obstbäume und Sträucher, Gemüse und eben auch für Rosen. Die darin enthaltenen getrockneten Pilze helfen unserer Rose dabei, schnell anzuwachsen. Ich bestreue den Wurzelballen damit und verteile es noch ein wenig. Anschließend kann ich die Rose ins Pflanzloch hineinsetzen.

SCHRITT 4

EINSETZEN

Rosen lieben es, in lehmigem Boden zu wachsen und gedeihen dort sehr gut. Wenn ich also bei mir im Garten Lehmboden habe, muss ich ihm nichts beifügen oder ihn aufbessern und kann das Pflanzloch einfach mit dem Aushub wieder auffüllen.
Wie bereits erwähnt, ist es beim Einsetzen wichtig, dass die Veredelungsstelle der Rose unterhalb der Erde liegt und dass nur die Äste oberhalb dieser Stelle herausgucken.
Damit ich die Rose gut gießen kann und das Wasser nicht sofort zur Seite wegläuft, sollte ich rundherum um die Pflanzstelle einen Gießrand oder -kragen anlegen. Dazu grabe ich einfach mit den Händen im Kreis um die Pflanze eine Mulde, ähnlich einem „Burggraben". Dann kann ich meine Rose gründlich angießen. Sie sollte dabei richtig schön nass werden. Am nächsten Tag wässere ich die Rose noch einmal mit der gleichen Menge Wasser.

SCHRITT 5

FROSTSCHUTZ ANLEGEN

Wenn es im Winter richtig kalt werden sollte, braucht meine Rose einen leichten Frostschutz. Dazu kann ich sie mit einem Vlies bedecken. Ein solches erhaltet ihr als weißes Tuch oder auch schon als komplette Frosthaube im Gartencenter. So ist die empfindliche, neu eingepflanzte Rose geschützt und nimmt auch bei Minustemperaturen keinen Schaden. Im Frühling wird sie austreiben. Dabei kann ich ihr auf die Sprünge helfen, indem ich ihr etwas organischen Dünger gebe. Lasst euch dazu am besten im Gartencenter beraten.

Gut zu wissen!

Die „Gefülltblütigkeit" von Rosen entsteht durch das Wegzüchten der Staubgefäße und Narben zugunsten von mehr Blütenblättern. Solche gefüllten Blüten haben für Insekten wenig Wert, da sie weder Nektar noch Pollen liefern.

Impressum

Math. Lempertz GmbH
Hauptstr. 354
53639 Königswinter
Tel.: 02223 90036, Fax: 02223 900038
info@edition-lempertz.de

Autor: Markus Radscheit
Bild- und Videoproduktion: CUE Media GmbH,
www.cuemedia.de
Layout/Satz: Christine Mertens
Lektorat: Melanie Alessandra Moog, Hendrik Wolff
Druck und Bindung: NEOGRAFIA, a.s., Slowakei,
www.neografia.sk
ISBN: 978-3-96058-471-1

Bildnachweis:
Umschlag Vorder- und Rückseite: © CUE Media GmbH
Fotos Innenteil:
© CUE Media GmbH
© AdobeStock: Agenturfotografin, Alexander Raths, alexbuess, Anna, Brilt, Caterina_Pak, Светлана Парникова, Chicco DodiFC, Christian Jung, dima_pics, Edda Dupree, Elenathewise, etfoto, Evelyn Kobben, FedotovAnatoly, Gabriela Bertolini, Gabriele Rohde, GrebnerFotografie, HANK GREBE, Наталья Дорожкина, ines39, Ingo Bartussek, Ichizu, Irina, Jan Engel, kaddl86, Кирилл Рыжов, lillet, liubov, L.Bouvier, mashiki, Melica, meteo021, Miroslava Arnaudova, Nancy J. Ondra, Oleksandr Zastrozhnov, Onuchcha, Pak, Parilov, Paul Maguire, Petra Schueller, pingpao, Pixel-Shot, rhzr, Sasha, sammyone, Sergey, smoksi, Stephan, Stocker, S.H.exclusiv, studiophotopro, TwilightArtPictures, Vasilixa, Xalanx, いなみ